補助線・補助円をみつけられますか

―考えて楽しむ図形の証明―

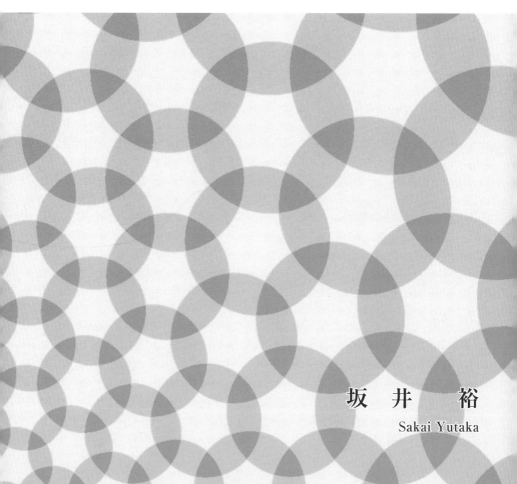

坂 井 裕
Sakai Yutaka

三省堂書店／創英社

── 目 次 ──

補助線・補助円をみつけられますか
― 考えて楽しむ図形の証明 ―

はじめに

　「図形の証明！」、「補助線！」と聞いただけで尻込みする方、補助線・補助円をみつけ証明できたときの感激を味わった経験がある方、そして補助線・補助円に興味・関心がある方…．このような方々のためにつくられたのがこの本です．この本には補助線・補助円の発見のいとぐちがつかみやすい問題を多く集めてあります．そんな問題の解決を通して補助線・補助円に慣れ親しんでもらいたいと思います．また補助線・補助円を見つけ証明できたときの感激を再度味わう経験ができる機会をつくるために、新鮮な問題や論理の展開が美しい問題も集めております．この本の問題を通して補助線・補助円を見つける経験を通し、問題解決を楽しんでいただきたいと思います．

　問題の解決に必要な補助線・補助円には、新たに利用できる性質を生み、その性質によりそれまで離れていた条件と条件とが巧妙に結びつき証明を完成させるという魅力的な役割があるといえます．とはいえ、補助線・補助円を見つけにくい、また見つけるのに長い時間がかかることもあると思います．しかし、その間における「こうしたらどうか」「ああしたらどうか」と考えをいろいろ巡らす試行錯誤を伴う多くの思考実験は、論理的な思考力を育てることに役立つ機会にもなっているのではないでしょうか．

　初等幾何の権威であった清宮俊雄先生は、著書のなかで補助線について次のように述べています．

　「大部分の幾何の問題においては、補助線は論理的な思考の結果、必然的にひかれるものが多いようである．そしてそれは、主として解析的な手法で発見されるように思われる．図形によっては、その特性に応じた決まった補助線というものもある．（中略）幾何の問題を解く場合は、何を証明すればよいのか、

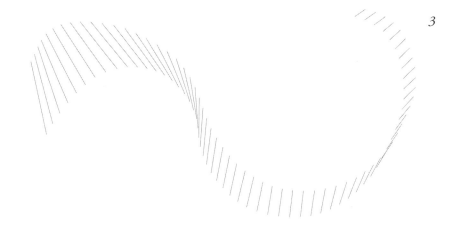

それを証明するには何をすればいいのかの目標をきめて、それにしたがって推論を進めていけば、必要な補助線は自然にひかれ、解決に導かれる場合が多い」

すなわち、補助線は論理的に考えてひくことができる場合が多いということです．この本ではこの見解をふまえて、なぜその補助線・補助円を見つけることができるのか、補助線・補助円が証明の完成にどんな役割を演ずるのかをできるだけていねいに説明することに力点をおいたつもりです．

この本に関連する書物として、補助線の魅力を問題の解決を通して広く味わってもらいたいと思い、以前に『問題形式で味わう補助線の魅力－考えて楽しむ図形の証明－』(2019) を出版しました．今回出版する本に盛り込んだ問題は、前著の内容につながるものにしたいと思い、補助線・補助円に関連したものを取り上げることにしました．

この本の構成は、「問題に取り組む前に」と第1章と第2章からなります．第1章では補助線に関連する問題、第2章では補助線・補助円に関連する問題を取り上げてあります．各問題は2ページ構成になっており、1ページ目には「問題」、「方針」、「使用する主な性質」、ページをめくった2ページ目には、「解説」、「補助線・補助円」の各内容が盛り込まれています．

この本の中には難しい問題もあると思いますが、そのような問題のときには、「方針」、「解説」、「補助線・補助円」に目を通しながら進めてもよいと思います．それによっても問題の解決に応じて必要になる補助線・補助円の魅力を感じとることができるのではないかと思います．

各2ページ目に掲げた「解説」では、きちんとした証明の形にはなってはいないことをここでお断りしておきます．副題には、「考えて楽しむ図形の証

明」となっていますので、楽しむためには大まかのことがわかればよいと思ったこと、また本書の「解説」とは異なる考え方もいろいろあると思い、ここでは解決の一例を示すことにとどめたことがあげられます．この本の「解説」にこだわらずに、読者の皆様には多様な解法を考えていただきたいし、この本の問題をヒントとしてさらに新しい問題をつくってもらえた大変よいと思っております．

　「解説」に引き続き掲げた「補助線・補助円」では、その問題のどこに着目すると補助線・補助円をひくことができるのか、またどのような役割を担っているのかに触れています．

　なおこの本では中学校、高等学校で通常学ぶ内容は既知としています．

　いま振り返ってみると、この本の原稿づくりはかなり大変な作業であり、時間も多くかかってしまったと感じています．とくに問題に対応する図の作成は、大変な作業と時間を費やすことがあらかじめわかっておりました．そこで図の作成と原稿の整理を、以前著者が東京大学で非常勤講師をしていたときの教え子である河崎英一さんにお願いをしたところ、こころよくそれらの作業をお引き受けいただきました．そのおかげで長い期間楽しく作業をさせていただきましたこと、ここで心より感謝申し上げる次第です．

　この本を通して、補助線・補助円に慣れ親しむことができ、その魅力を味わいながら問題の解決を楽しんでいただくことを大いに期待しております．

2022 年 8 月 16 日

著者

問題に取り組む前に

1. よく利用される補助線と図形の性質 ─────────

　この図形を見たらこの補助線という一種の定跡があります．ここではこの補助線を図形の特性に応じたきまった補助線ということにします．ここで図形の特性に応じたきまった補助線とそれにともなう性質をいくつかまとめておくことにします．これらの補助線は，問題を解決するときにすぐに役立つ性質に結びつくためによく利用されます．問題の条件や論理の展開に関連させ，工夫して利用することが大切です．

(1) 辺・線分

①直線に交わる線分 → 線分を延長する → 対頂角の性質．

②平行線に交わる線分 → 線分を延長する → 錯角，同位角，対頂角の性質．

③三角形 →
  - ⑦1辺を延長する → 外角とその内対角の和の性質．
  - ④1辺を隣辺の長さだけ延長し隣辺の頂点と結ぶ → 二等辺三角形の性質．

④円に内接する四角形 → 1辺を延長する → 外角とその内対角の性質．

⑤円内にある等しい角 → 角の辺を延長し円との交点をつくる → 円周角と弧の性質．

(2) 中点・中線

⑥⑦三角形の2辺の中点 → 中点どうしを結ぶ → 中点連結の定理，相似な三角形の性質．

　④△ABCのABの中点D → Dを通りBCに平行な直線をひきACとの交点をつくる→ 平行線と線分の比の性質，中点連結の定理，相似な三角形の性質．

⑦三角形と中線 →
  - ⑦他の中線をひく → 重心の性質．
  - ④2倍に延長し四角形をつくる → 平行四辺形の性質，合同な三角形の性質，平行線の性質．

（3）角の二等分線

⑧二等分線 → 二等分線に垂直な直線をひく → 合同な三角形の性質．

⑨二等分線に垂直な線分 → 垂直な線分を延長する → 合同な三角形の性質．

⑩二等分線上の点 → 角の辺に垂線をひく → 合同な三角形の性質、円の性質．

（4）三角形の角の二等分線

⑪二等辺三角形 → ⑦頂角の二等分線をひく → 合同な三角形の性質．

　　　　　　　　　④頂点を通る底辺に垂直な直線をひく → 合同な三角形の性質．

⑫二等辺三角形の頂角の二等分線上の点P → Pと底辺の両端を結ぶ → 合同な三角形の性質．

⑬三角形 → 内角の二等分線をひく → 内角をはさむ辺の比の性質．

⑭∠B = 2∠Cの三角形 → ∠Bの二等分線をひく → 二等辺三角形の性質、外角とその内対角の和の性質．

（5）直角三角形

⑮直角三角形 → 直角の頂点から斜辺に垂線をひく → 相似な三角形の性質、三平方の定理．

⑯斜辺の中点 → 直角の頂点と結ぶ → 二等辺三角形の性質．

8

(6) 円

⑰直径と周上の点P → 直径の両端とPを結ぶ → 円周角と中心角の性質.

⑱周上の2点A、B → 中心O、A、Bをそれぞれ結ぶ → 二等辺三角形の性質.

⑲接線 → 中心と接点を結ぶ → 半径と接線の性質.

⑳接線と周上の2点P、Q → 接点、P、Qをそれぞれ結ぶ → 接弦定理.

㉑円に内接する三角形 → 三角形の頂点を通る接線をひく → 接弦定理.

㉒円外の点Pからひいた接線 → { ㋐接点同士を結ぶ → 二等辺三角形の性質.
㋑円の中心、接点、Pを結ぶ → 円に内接する四角形の性質、合同な三角形の性質.

㉓弦 → 円の中心から弦に垂線をひく → 垂線と弦の性質.

㉔弦と弧の中点P → 弧の中点Pを通る接線をひく → 接線と弦の性質.

㉕弧ABの中点P → O、A、B、Pをそれぞれ結ぶ → 円周角と中心角の性質、弧と弦の性質、二等辺三角形の性質、合同な三角形の性質.

㉖長さが等しい弧と周上の点P → 弧の端点と周上の点Pをそれぞれ結ぶ → 弧と円周角の性質.

(7) 2つの円

㉗2点で交わる円 → { ㋐共通弦と中心線をひく → 共通弦と中心線の性質.
㋑中心線をひき、各中心と交わる2点を結ぶ → 合同な三角形の性質.

㉘外接する2円の共通外接線 → 中心線をひく → 接線の交点と中心線の性質.

㉙外接する2円の共通内接線 → 中心線をひく → 接線と中心線の性質.

㉚内接する2円の共通接線 → 中心線をひく → 接線と中心線の性質.

2．補助線の意図的なひき方

　図形の証明問題を解決するとき、当然ながらまず考えることは何らかの手がかりを探すことだと思います．問題によっては手がかりとなることが探しにくいときもあります．そのようなときに意図的に補助線をひくと、条件が扱いやすくなったり、使用できる性質が追加でき、解決に結びつくことがあります．さらには方針がたてやすくなる場合もあります．ここではよく利用される補助線の意図的なひき方の例をいくつかまとめておくことにします．なおこの本において、「ABを延長する」の表現は、Bの側に延長するという意味で使うことにします．

(1)　1本の線分や1つの角に置き換えるためにひく.

①折れた線分の和AB＋BCがあるときに、ABをBCの長さだけ延長した点Dをとり、線分BDをひく.

②折れた線分の比AB：BCがあるときに、ABをBCの長さだけ延長した点Dをとり、線分BDをひく.

③ABとBCが折れた線分で2AB＝BCのときに、BAの長さを2倍に延長した点Dをとり、線分ADをひく.

④∠ABCの辺AB、BC上の点D、Eがあり、2DEと等しい長さの線分が必要なときに、BD、BEそれぞれを2倍に延長した点P、Qをとり、線分PQをひく.

⑤∠B＝2∠Cの三角形があり、2∠Cの大きさをもつ角をつくるときに、ACに関して点Bと対称な点Dをとり、線分CDをひく.

⑥∠B＝$\dfrac{1}{2}$∠Cの三角形があり、$\dfrac{1}{2}$∠Cの大きさをもつ角を

つくるために、∠Cの二等分線をひく.

(2) 線分の比や角を移動するためにひく.

⑦△ABCとBC上の点D、線分AD、AB上の点Eがあるとする. BD：DCの比を移動したいときに、点Eを通りBCに平行な直線をひく.

⑧△ABCのAB、AC上に点D、Eがあり、AD： DB＝CE：EAのとき、AD：DBの比を移動したいときに、Dを通りACに平行な直線をひく.

⑨円周角∠ABCと弦ADがあるとき、弦DCをひく.

(3) 二等辺三角形や正三角形をつくるためにひく.

⑩AB＝ACを示したいときに、線分BCをひく.

⑪△ABPと△ACQにおいて、∠Aを共有しAB ＝ACのとき、線分BCをひく.

⑫△ABCがあるとする. BCの延長上に点Dを AC＝CDにとり、線分DAをひく.

⑬∠ABCの二等分線とAB上の点Dがあるとき、 AB上の点Dを通りBCに平行な直線をひき、 二等分線との交点Eをつくる.

⑭△ABCにおいて、∠A＝120°のとき、BAの延 長上に点DをAD＝ACにとり、線分CDをひく.

⑮円に内接する△ABCがあり、∠BAC＝60°の とき、弧BCの中点Mをとり、線分MB、MC をひく.

⑯△ABCがあり∠B＝30°のとき、ABを軸として、点Cの対 称点Dをとり、DとB、Cを結ぶ。

(4) 図形の性質を表す図を復元するためにひく.

⑰四角形ABCDにおいて、∠A＋∠C＝180°とする. BC、CD 上の点をそれぞれP、Qとし、CQ＝AB、CP＝ADとする. このとき△ABDと合同な三角形を復元するために、BCの延

長上に点TをCT＝CPにとり、線分QTをひく.

⑱四角形ABCDの対角線の交点をOとする.

このとき相似な三角形を復元するために、OB、OC上にそ
れぞれ点P、QをOP＝OA、OQ＝ODにとり、線分APと
DQをひく.

⑲△ABCとABの延長上に点Dがあるとする.

このとき平行線と線分の比の性質が利用できる図を復元する
ために、Dを通りBCに平行な直線をひき、ACの延長との交
点をつくる.

(5) 角や線分の比を近づけるためにひく.

⑳△ABCがあるとする.

このとき∠Bと∠Cを∠Aに近づけるために、Aを通りBC
に平行な直線をひく.

㉑△ABCのAC上の点をD、BCの延長上の点をEとし、AD：
CE＝AC：BCとする.

このときAD：CEの比をAC：BCの比に近づけるために、
BC上に点FをBF＝CEにとり、線分DFをひく.

(6) 結論にかわる条件に置き換えるときにひく.

㉒四角形ABCDがあり、AD∥BCを示すときに、錯角が等し
いことを示せばよいと考えて、線分BDをひく.

㉓円Oの直径をABとし、円周上の点をP、Qとする. またO
とP、BとQを結ぶ線分があるとする.

弧AP＝弧PQを示すときに、対応する中心角が等しいこと
を示せばよいと考えて、線分OQをひく.

3. よく利用される補助円と図形の性質

　図形の証明問題には補助線や補助円を使わずに証明することができる問題も
ありますが、ここでは問題を解決する場合に補助線や補助円を必要とする問題
を扱います. 三角形には外接円をただ1つかくことができるという性質があり
ます. 四角形には、四角形の1つの内角とその対角の外角とが等しいとき、

また四角形の1組の対角の和が180°であるときに四角形の外接円をかくことができるという性質があります．さらに同一の線分を見込む角が等しいときに、4点を通る円をかくことができるという性質もあります．補助円がかける条件が仮定として与えられていれば、そのまま補助円を追加して、円の性質を利用することができます．仮定として補助円がかける条件の一部が与えられている場合もあります．そのときには補助線を追加して補助円がかける条件を満たすようにするときがあります．また補助円がかける条件が与えられていない場合に、直接補助円と補助線を追加して、円の性質を利用するときもあります．ここではそれらの実例をいくつか取り上げてみます．

(1) 三角形の外接円をかく.

どんな三角形にもただ1つ外接円が存在するという性質があります．問題の図の中に三角形の外接円がないときに、三角形の外接円を補助円として追加して考える場合があります．

①△ABCがあるとします．

図1①②は三角形が鋭角三角形の場合です．円の中心Oは△ABCの内部にできます．図1③④は三角形が鈍角三角形の場合です．円の中心Oは△ABCの外部にできます．いずれの場合も中心Oと三角形の各頂点とを結ぶ補助線をひくと、二等辺三角形の性質や円周角と中心角の性質が利用できます．また円周上に定点Pがあれば、Pと三角形の各頂点とを結ぶ補助線をひくと、円周角の定理や円に内接する四角形の性質が利用できます．

②直角三角形ABCがあるとします．

図1⑤⑥は∠A = 90°の場合です．

外接円の中心Mと三角形の直角の頂点とを結ぶ補助線をひくと、二等辺三角形の性質や円周角と中心角の性質が利用できます．また円周上に定点Pがあれば、Pと三角形の各頂点とを結ぶ補助線をひくと、円周角の定理や円に内接する四角形の性質が利用できます．AMを延長する補助線をひき円との交点を

つくると、長方形の性質も利用できます.

(2) 三角形の1辺を弦とする円をかく.

　図2①②のように△ABCの内部の点を中心として辺BCを弦とし、AB、ACと交わる円を補助円としてかくとします.

　その円とAB、ACと交わる点をP、Qとし、PとC、QとBをそれぞれ結べば、円周角の定理が利用でき、また△ABQと△ACPが相似になることも利用できます.　またPとQを結ぶ補助線をひけば、円に内接する四角形の性質が利用できるようになります.　さらに△APQと△ACBが相似になることも利用できます.

(3) 補助線を追加して円をかく.

①四角形の1つの外角がその内対角に等しい場合.

　図3①のように△ABCと、AC上の点DとBを結ぶ線分、AB上に定点Eがあるとします.

　頂点Cと点Eを結ぶ補助線をひき、BDとの交点をFとしたときに、∠A = ∠BFEがいえる場合には、四角形AEFDが内接する円を補助円としてかくことができます.　このとき円に内接する四角形の性質が利用できます.

②四角形の1組の対角の和が180°になる場合.

　図3②のように四角形ABCDと、Bを中心として半径ABの円がADと点Eで交わっているとします.

　円の中心BとEを結ぶ補助線をひいたときに、∠BED = ∠BCDであることがいえる場合には、四角形ABCDの外接円を補助円としてかくことができます.　このとき円に内接する四角形の性質が利用できます.

③同一の線分を見込む角が等しくなる場合.

㋐ 図3③のようにくさび形ABCDがあり、∠ADC = ∠ABCとします.

　このときDCとBCそれぞれの延長とAB、ADとの交点をX、Yとし、XとYを結ぶ補助線をひけば、4点X、B、D、Yを通

る円を補助円としてかくことができます。円周角の定理や三角形の外角がその内対角の和に等しい性質が利用できます。

㋑ 図3④のように四角形ABCDと対角線BDがあり、∠A＝∠Cとします。

　BDに関してAの対称点Xをとり、XとB、Dとを結ぶ補助線をひけば、4点X、C、D、Bを通る円を補助円としてかくことができます。

　これにより円周角の定理や三角形の外角がその内対角の和に等しい性質が利用できます。CとXを結ぶ補助線をひけば、円に内接する四角形の性質が利用できます。

(4) 図形の性質の逆を利用する.

　上に掲げた(1)から(3)以外にも、接弦定理の逆、方べきの定理の逆、円周角と中心角の性質の逆など図形の性質の逆にあたる条件を備えるとき、該当する円をかきそれを補助円として利用する場合があります.

第1章 補　助　線

　この章では補助線を利用して解決する問題を扱います．基本とする図形は三角形、四角形、円です．それらに関連する性質を思い出しながら考えてみてください．それでは問題に移りましょう．

　次の問題1を補助線を利用し証明してみてください．

> **問題 1**
>
> 　△ABCにおいて、∠A＝90°、∠C＝30°とし、BCの中点をM、AC上の点をQとする．このとき∠AMQ＝90°ならば、AQ：QC＝2：1である．

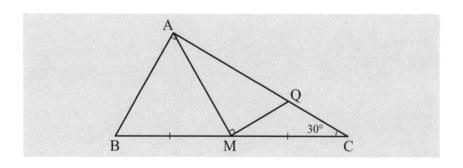

● 方針

　AQ：QC＝2：1を示すには、たとえばAQの中点Nをとり、AN＝CQを示せばよいといえます．△ABMは正三角形といえるので、これをいとぐちとしてこの図形のもつ性質を探します．

● 使用する主な性質

　三角形の内角の和の性質．正三角形になるための条件．二等辺三角形の性質およびその逆．直角三角形の中線の性質．三角形の外角とその内対角の和の性質．

解説

① ∠A = 90°、∠C = 30° より、∠B = 60°.

② MA = MB より、∠MAB = ∠MBA = 60° だから、∠AMB = 60°.

③ ∠AMQ = 90° より、∠QMC = 30°. これと ∠QCM = 30° より、
∠AQM = 60°.

④ AQの中点をNとし、NとMを結べば、NQ = NM、

⑤ ∠NMQ = ∠NQM = ∠AQM = 60° より、∠MNQ = 60° だから、
△MNQは正三角形といえます.

⑥ △QMCは二等辺三角形だから QM = QC. また NQ = QM より、
NQ = QCだから、AN = NQ = QC.

⑦ したがって AQ : QC = 2 : 1 といえます.

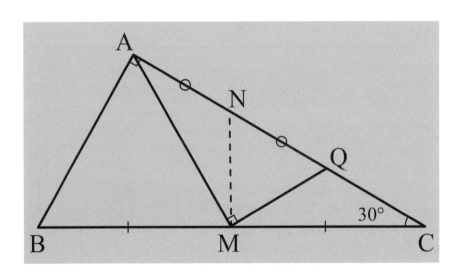

補助線

直角三角形に応じたきまった補助線が使われています. 直角三角形AMQの斜辺AQの中点と直角の頂点とを結ぶ線分です. この補助線によりつくられる三角形の一方が正三角形となり、QCとNQとのつながりをつくることができます.

前問を参考にして、次の問題2を補助線を利用し証明してみてください.

問題 2

> △AMCにおいて、AM = MC、AC上の点QをAQ：QC =
> 2：1にとるとき、∠AMQ = 90°ならば、∠C = 30°である.

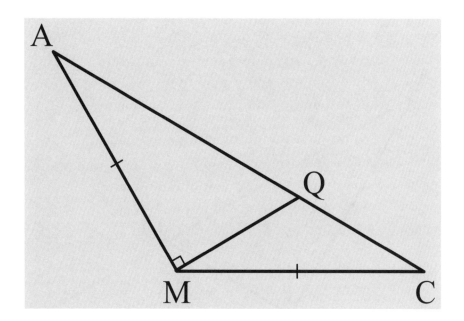

● 方針 ────────────────────────────

∠C = 30°とすれば、∠A = 30°であり、∠AMQ = 90°だから、∠AQM =
60°のはずです.

● 使用する主な性質 ──────────────────

三角形の合同条件およびその性質. 二等辺三角形の性質. 三角形の外角と
その内対角の和の性質. 正三角形の性質. 直角三角形の中線の性質. 三角形の
内角の和の性質.

● **解説**

①AQの中点をNとし、NとMを結べば、AN = NM = NQ.

②AQ：QC = 2：1より、AN = NQ = CQ.

③これとMA = MC、∠MAC = ∠MCAより、△MAN ≡ △MCQ.

④MN = MQ = NQより、△MQNは正三角形だから、∠MQN = 60°.

⑤したがって∠C = ∠A = 30°.

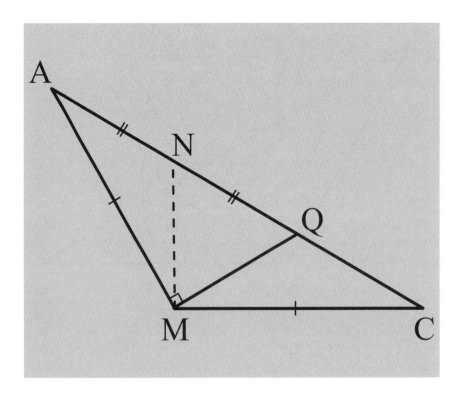

● **補助線**

　△AMQは直角三角形だから、ここでもそれに応じたきまった補助線である
MNを追加します. MNを追加することにより、△QMCと合同な三角形と、
正三角形がはめ込まれた図形ができます.

次の問題 3 を補助線を利用し証明してみてください.

△ABCにおいて、AB、ACそれぞれの中点をD、Eとする.
D、EからそれぞれBCに垂線をひき、BCとの交点をF、G
とすれば、$FG = \dfrac{1}{2}BC$である.

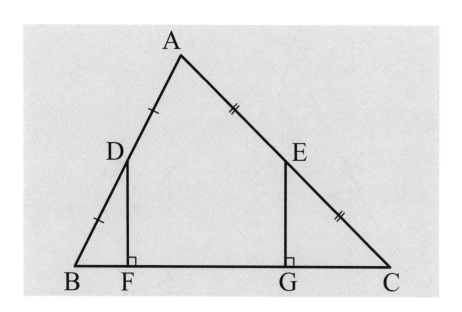

●─ **方針** ───────────────────────────

　D、EがAB、ACの中点なので、利用する補助線が予想できます. その補助
線とFGとのつながりを調べます.

●─ **使用する主な性質** ──────────────────────

　中点連結の定理. 平行線になるための条件. 平行四辺形になるための条件
およびその性質.

20

●━ 解説 ━━━━━━━━━━━━━━━━━━━━━━━━━━━━━━

　DとEを結べば、中点連結の定理が利用できる図ができます.

①DE∥BCより、DE $= \dfrac{1}{2}$ BC. またDE∥FG.

②∠DFB = ∠EGF = 90°より、DF∥EG.

③四角形DFGEは平行四辺形だから、FG = DE $= \dfrac{1}{2}$ BC.

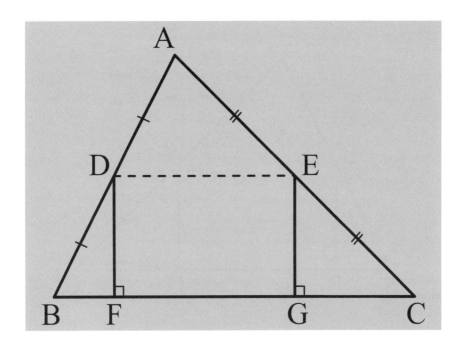

●━ 補助線 ━━━━━━━━━━━━━━━━━━━━━━━━━━

　点D、Eが中点であることから、中点連結の定理が利用できます. そのため
に補助線DEをひくことが必要になります. DEを追加することにより、平行
四辺形（長方形）がはめ込まれた図形ができます. これによりFGがDEに移
動でき、DEとBCのつながりができます.

次の問題 4 を補助線を利用し証明してみてください.

△ABCの内心を I とする. BI = AC − ABならば、
∠B = 2∠Cである.

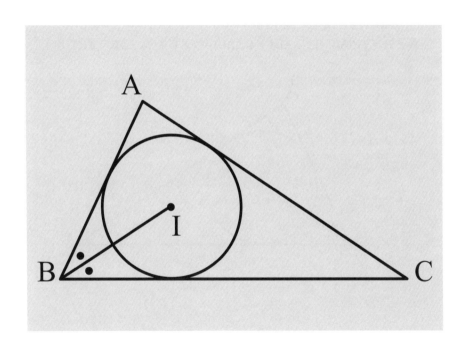

● **方針**

AC = BI + ABと変形できます. BI + ABは折れ曲がった線分の和なので、
それをのばして等しい長さの線分に表し換えて、ACとのつながりを考えます.

● **使用する主な性質**

三角形の合同条件およびその性質. 二等辺三角形の性質. 三角形の外角と
その内対角の和の性質.

ABの延長上に点DをBD = BIにとれば、BI + ABの長さを一本の線分ADの長さで表せます.

①IとA、C、Dをそれぞれ結びます.

　△ADIと△ACIにおいて、AD = AC、∠DAI = ∠CAI、AIは共通だから、

　△ADI ≡ △ACIといえるので、∠ADI = ∠ACI.

②△BDIは二等辺三角形だから、∠BDI = ∠BID.

③∠ABI = 2∠BDI = 2∠ADI.

④∠B = 2∠ABI = 4∠ADI = 4∠ACI = 2∠Cより、∠B = 2∠C.

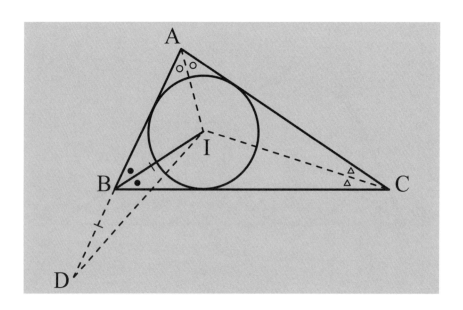

●— 補助線 ────────────────────────────────

折れ線の和であるBI + ABの長さを1本の線分の長さで表し換えることにより、扱いやすくなります. そのために補助線BDが必要になります. Iが内心であることから、AI、CIは自然にひかれ、∠DAI = ∠CAI、∠ACI = ∠BCIを利用することができます. △ACIと合同な三角形で、ADとACが対応する三角形をつくるために補助線DIは自然にひかれます. 同時にDIは二等辺三角形をつくるための補助線にもなります.

次の問題 5 を補助線を利用し証明してみてください.

問題 5

△OBCにおいて、OB = OCとする. OC上に点Aをとり、BC = OAとする. ∠O = 36°ならば、AB = BCである.

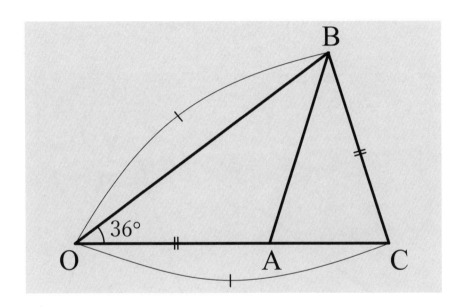

●― **方針** ――――――――――――――――――――――――――――――

　AB = BCであるとすれば、△ABOはBOを底辺とする底角が36°の二等辺三角形のはずです. このことから考えると、底辺がBOと等しい長さ(= CO)で両底角が36°の三角形をつくり、それと△ABOが合同であることを示すことができれば結論が得られることになります.

●― **使用する主な性質** ―――――――――――――――――――――――――

　三角形の内角の和の性質. 二等辺三角形の性質およびその逆. 三角形の合同条件およびその性質.

∠Cの二等分線とBOとの交点をDとします。∠B = ∠C = 72°.

①∠DOC = ∠DCO = 36°より、△DOCは二等辺三角形だから、
CD = OD.

②∠CDB = 72°だから、△CBDは二等辺三角形といえ、BC = CD.

③BC = OD、BC = OAより、OA = OD.

④△BOAと△CODにおいて、BO = CO、OA = OD、∠Oは共通だから、
△BOA ≡ △CODといえるので、AB = DC = BCです。

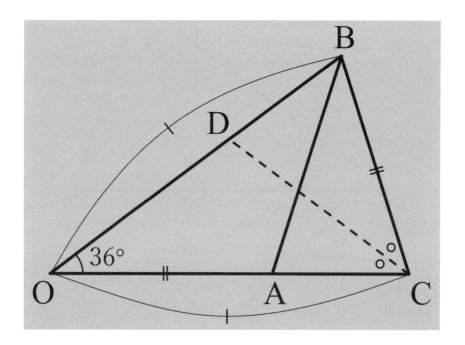

底辺がOBと等しい長さで両底角が36°の三角形をつくるために、∠Cの二
等分線が補助線として利用されます。この補助線が追加されることにより、
△BAOと合同な三角形をつくることができます。

次の問題6は補助線を利用しないで証明できますが、ここでは補助線を利用し証明してみてください.

問題 6

△ABCにおいて、AC = BCとする. AB、AC上にそれぞれ点D、Eをとり、AD = CEとする. BE = CDならば、△ABCは正三角形である.

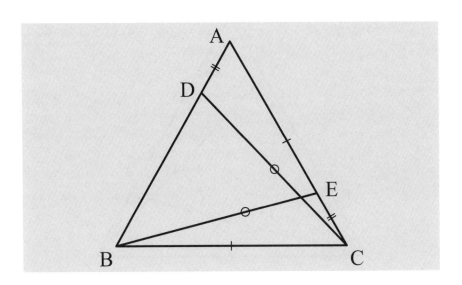

● **方針**

△ABCが正三角形であるためには、AC = BCより∠A = ∠Bがいえることから、∠B = ∠Cであることを示そうと考えます. ∠Bと∠Cが対応する角となる合同な三角形があれば、それを示すことができます. ∠A = ∠Cを示す場合には補助線は利用しないですみます.

● **使用する主な性質**

三角形の合同条件およびその性質. 二等辺三角形の性質. 正三角形になるための条件.

●━ 解説

①AC = BC、∠A = ∠Bより、AB上に点FをBF = ADにとれば、
△CAD ≡ △CBFだから、CD = CF.

②△EBCと△FCBにおいて、BE = CF、CE = BF、BCは共通だから、
△EBC ≡ △FCBといえるので、∠C = ∠B.

③∠A = ∠B = ∠Cだから、△ABCは正三角形といえます.

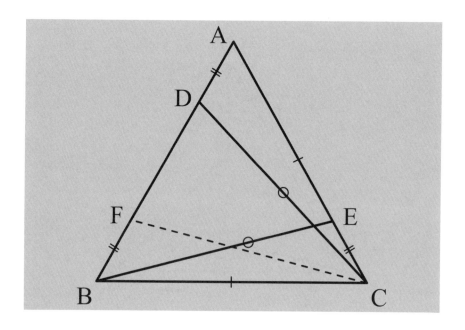

●━ 補助線

∠Bと∠Cをそれぞれ内角とする2つの三角形に着目します. ∠CとBEが
関係する三角形は△EBCで、∠BとDCに関係する三角形は△DBCです.
しかしこの2つの三角形は合同には見えません. そこで図形のもつ条件に着目
してみます. AC = BC、∠A = ∠Bより、BF = ADとなる点Fをとり補助線
FCをひけば、そのときにできる△CBFが△CADと△BCEとの橋渡し役を担
います.

次の問題7を補助線を利用し証明してみてください.

問題 7

点Oを共有する2つの線分OA、OB上にそれぞれ点C、D
をとり、AC = BDとする. AD = BCならば、OA = OBで
ある.

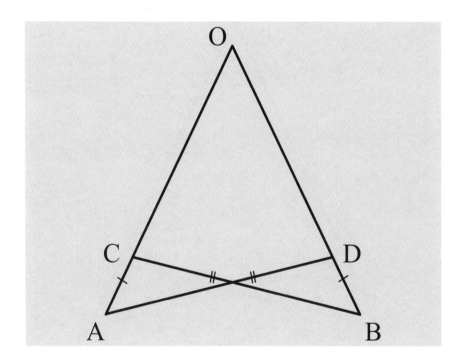

● **方針** ―――――――――――――――――――――――――――――――

何を示すことができればOA = OBといえるのかを考えます.

● **使用する主な性質** ―――――――――――――――――――――――――

三角形の合同条件およびその性質. 二等辺三角形になるための条件.

● **解説**

AとBを結ぶ補助線をひくことによりできる三角形に着目します.

①△ABCと△BADにおいて、AC = BD、BC = AD、ABは共通だから、
△ABC ≡ △BADといえるので、∠A = ∠B.

②△OABは二等辺三角形だから、OA = OBといえます.

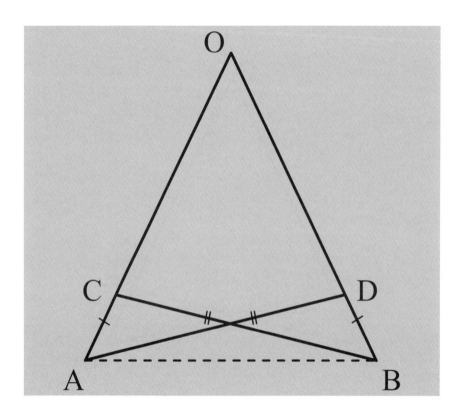

● **補助線**

OA = OBであるためには、△OABが二等辺三角形になることを示せばよい
といえます.補助線ABはそのためにひかれますが、∠Aと∠Bが対応する合
同な三角形をつくるための共通の辺の役割も担います.

次の問題 8 を補助線を利用し証明してみてください．

△ABC において、∠B、∠C それぞれの二等分線をひき、AC、AB との交点を D、E とする．BC = BE + CD ならば、∠A = 60°である．

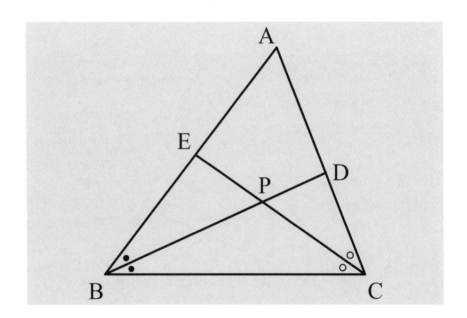

● **方針**

∠A = 60°とすれば、∠B + ∠C = 120°です．∠PBC + ∠PCB = 60°だから、∠BPC = 120°のはずです．∠BPC = 120°であることをどのように示すのかを考えます．

● **使用する主な性質**

三角形の合同条件およびその性質．対頂角の性質．三角形の内角の和の性質．

● 解説

　BC上に点Qをとり、BQ = BEとすれば、CQ = CDです.

①△PEB ≡ △PQBだから、∠BPE = ∠BPQ.

②△PDC ≡ △PQCだから、∠CPD = ∠CPQ.

③∠BPE = ∠CPDより、∠BPQ = ∠CPQ.

④∠BPE = αとすれば、$6\alpha = 360°$から、$\alpha = 60°$.

⑤∠BPC = $2\alpha = 120°$.

⑥∠B + ∠C = 2(∠PBC + ∠PCB) = 2(180° − ∠BPC) = 120°より、

　　∠A = 60°.

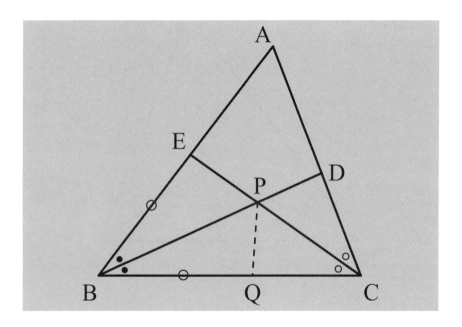

● 補助線

　BC = BE + CDは、BC上に点Qをとり、BQ = BEとすれば、QC = DCとなることを意味しています. そうすれば、EB = QB、∠EBP = ∠QBP、またDC = QC、∠DCP = ∠QCPだから、PとQを結ぶ補助線が必要になることがわかります. これにより2組の合同な三角形ができ、見通しがつくことになります.

次の問題 9 を補助線を利用し証明してみてください.

> △ABC において、∠B = 2∠C とする. ∠A の二等分線と
> BC との交点を D とすれば、BD = AC − AB である.

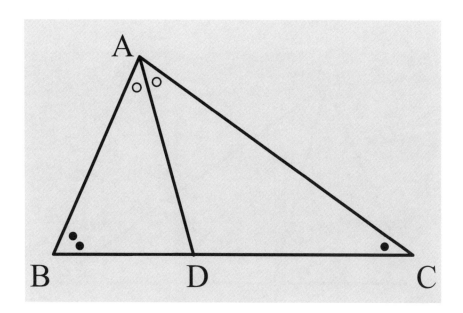

●—　**方針**　————————————————————————————————

　BD = AC − AB は、AB + BD = AC と変形できるので、AC 上に点 E を AE =
AB であるようにとれば、EC = BD となるはずです. EC = BD を示すにはどう
したらよいかを考えます.

●—　**使用する主な性質**　————————————————————————

　三角形の合同条件およびその性質. 三角形の外角とその内対角の和の性質.
二等辺三角形になるための条件.

● 解説

①AC上に点EをAE＝ABにとれば、△ABD ≡ △AEDだから、
　BD＝ED、∠ABD＝∠AED.

②∠EDC＝∠AED － ∠C＝∠B － ∠C＝2∠C － ∠C＝∠Cより、
　∠EDC＝∠ECD.

③ED＝ECより、AC＝AE＋EC＝AB＋ED＝AB＋BD.

④AC＝AB＋BDより、BD＝AC － ABといえます.

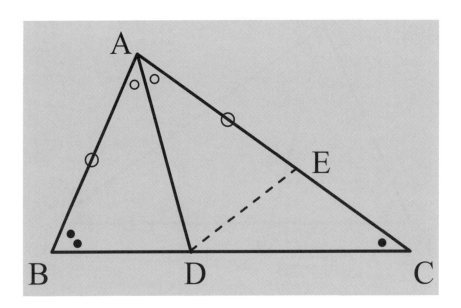

● 補助線

　結論の式の意味は、ABとBDをAC上にぴったり移動することができるということです. そこで、まず点EをAC上にとり、AE＝ABとしています.

　EC＝BDを示すためには、ECとBDが離れていて扱いにくいので、BDをECに近づけることが必要になります. そのために思いつく補助線が、EとDを結ぶ線分です. 同時にこの補助線EDは合同な三角形をつくる辺でもあり、BDに対応する辺となります.

　次の問題10は問題3と同じですが、別の補助線を利用し証明してみてください.

問題10

△ABCにおいて、AB、ACの中点をそれぞれM、Nとする. M、Nそれぞれから BC に対して垂線をひき、BCとの交点をP、Qとするならば、$PQ = \dfrac{1}{2}BC$である.

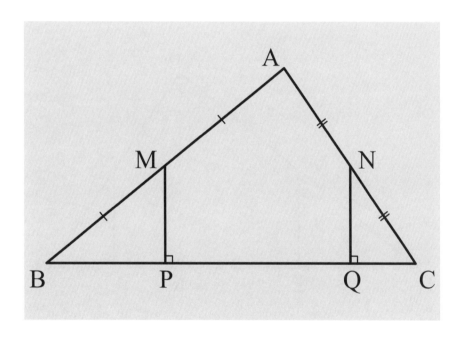

● **方針**

　M、Nが中点で、MP⊥BC、NQ⊥BCであることから、平行線と線分の比の性質を利用するのではないかと予想できます.

● **使用する主な性質**

　平行線と線分の比の性質. 平行線になるための条件.

解説

Aを通りMPに平行な直線をひき、BCとの交点をRとします。

①BM = MA、MP∥ARより、BP = PR = $\dfrac{1}{2}$BR.

②CN = NA、NQ∥MP∥ARより、CQ = QR = $\dfrac{1}{2}$RC.

③PQ = PR + RQ = $\dfrac{1}{2}$BR + $\dfrac{1}{2}$RC = $\dfrac{1}{2}$(BR + RC) = $\dfrac{1}{2}$BC.

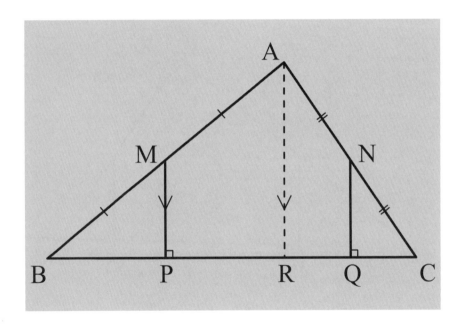

補助線

ABとその中点M、△MBP、BCに着目すると、平行線と線分の比の定理の一部の図が含まれていることが分かります。補助線ARはその図を復元するためにひかれます。それにより、PQ = PR + RQ、BC = BR + RCと分解することができ、PRとBP、RQとQCそれぞれの間に関連づけることができます。

次の問題11を補助線を利用し証明してみてください.

> ### 問題 11
>
> △ABCにおいて、AB上の点をM、AC上の点をNとし、BNとCMとの交点をGとする. BG = 2GN、CG = 2GM ならば、M、Nは、AB、ACそれぞれの中点である.

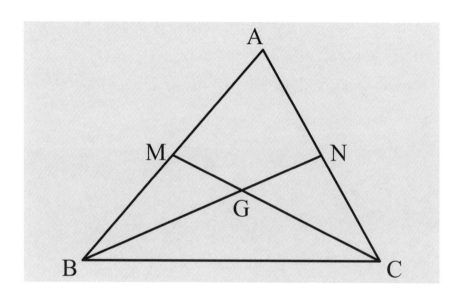

● **方針**

M、NがAB、ACそれぞれの中点であるとすれば、MとNを結べば、MN = $\frac{1}{2}$BC、MN∥BCといえるはずです. 図形のもつ性質を探し、MN = $\frac{1}{2}$BC、MN∥BCを示せばよいといえます. BG = 2GN、CG = 2GMであることから、$\frac{1}{2}$BG、$\frac{1}{2}$CGそれぞれの長さをもつ線分をつくります.

● **使用する主な性質**

中点連結の定理およびその逆. 平行四辺形になるための条件およびその性質.

解説

①BGの中点をP、CGの中点をQとすれば、BP＝PG＝GN、

CQ＝QG＝GM.

②△GBCにおいて、GP＝PB、GQ＝QCより、PとQを結べば、

$PQ = \dfrac{1}{2}BC$、PQ∥BC.

③PNとQMは互いに他を二等分しており、4点M、P、Q、Nを結び四角

形をつくれば、四角形MPQNは平行四辺形だから、$MN = PQ = \dfrac{1}{2}BC$、

MN∥PQ∥BC.

④$MN = \dfrac{1}{2}BC$、MN∥BCより、M、NはAB、ACそれぞれの中点といえ

ます.

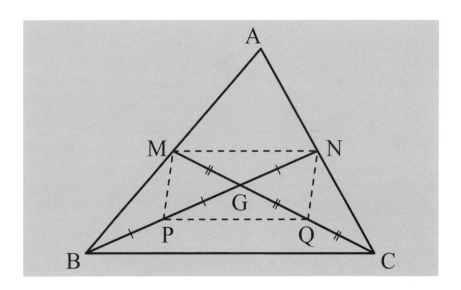

補助線

中点連結の定理や平行四辺形の性質を利用することが予想できます。その予想にしたがえば、PQは追加しやすい補助線です。P、Qをとることが線分PNとQMとの関係に影響して平行四辺形をつくる考えに結びつきます。

次の問題12を補助線を利用し証明してみてください.

問題
12

△ABCにおいて、AB = ACとする. BC上に点Dをとり、BD：DC = 1：2とする. DAの延長上の点をEとし、DA = AEとする. このとき、ED = ECである.

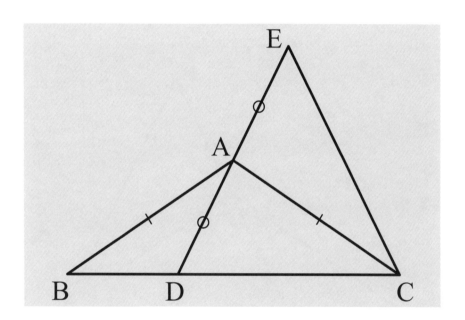

● **方針**

ED = ECを示すことは、∠EDC = ∠ECDを示すことに置き換えることができます. 中点連結の定理を利用するのではないかと予想できます.

● **使用する主な性質**

二等辺三角形の性質およびその逆. 平行線の同位角の性質. 三角形の合同条件およびその性質. 中点連結の定理.

●─ 解説 ─────────────────────────────────

①DCの中点をMとし、MとAを結べば、AM∥ECより、∠AMD =
∠ECD.

②△ABDと△ACMにおいて、AB = AC、∠ABD = ∠ACM、BD = CM
より、△ABD ≡ △ACMだから、AD = AM.

③△ADMは二等辺三角形だから、∠ADM = ∠AMD.

④∠EDC = ∠ADM = ∠AMD = ∠ECDより、∠EDC = ∠ECDだから、
ED = ECといえます.

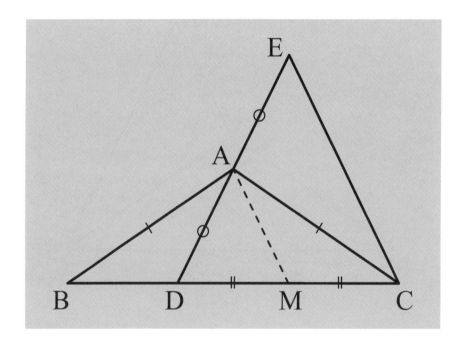

●─ 補助線 ─────────────────────────────────

BD：DC = 1：2より、DCの中点MをとりAと結べば中点連結の定理が利用
できるのではないかと予想できるので、AMは自然にひくことができる補助線
といえます. この補助線をひくことにより、∠ECDを∠AMDに移動でき、
∠EDCに近づけることができるので扱いやすくなります.

次の問題13を補助線を利用し証明してみてください.

問題 13

△ABCにおいて、∠A＜90°とし、∠B＝2∠Cとする. BC上に点Dをとり、∠BAD＝∠Cとする. BからADに対し垂線をひき、ADとの交点をYとする. このとき、AY＝$\frac{1}{2}$ACである.

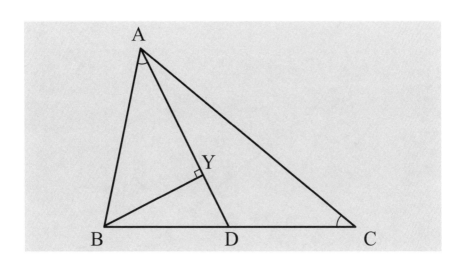

● **方針**

ACの中点をNとします. AY＝$\frac{1}{2}$ACとすれば、AY＝AN＝NCのはずです. AYに対応する辺がANで、△ABYと合同な三角形を図の中につくれるかどうかを考えます.

● **使用する主な性質**

二等辺三角形の性質およびその逆. 三角形の外角とその内対角の和の性質. 直角三角形の合同条件およびその性質. 三角形の合同条件およびその性質.

● **解説**

①BC上にBと異なる点MをAM = ABにとります。△ABMは二等辺三角
　形だから、∠ABM = ∠AMB = 2∠C.

②△MACにおいて、∠MAC = ∠AMB − ∠C = ∠Cだから、MA = MC.

③ACの中点をNとし、NとMを結びます。

　　△MNAと△MNCにおいて、MA = MC、AN = CN、MNは共通だから、
　△MNA ≡ △MNCといえるので、∠MNA = ∠MNC = 90°.

④△ABYと△AMNにおいて、AB = AM、∠BAY = ∠MAN、∠AYB =
　∠ANM = 90°より、△ABY ≡ △AMNだから、AY = AN = $\dfrac{1}{2}$AC.

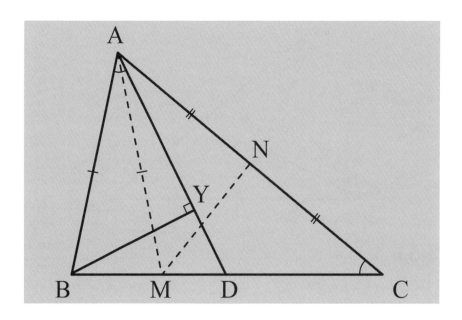

● **補助線**

　補助線AMをひけば、ABに対応する辺ができます。∠AYB = 90°に対応
する角をつくるために、補助線MNが必要になります。これにより、△ABY
と合同な三角形である△AMNをはめ込んだ図形ができています。

次の問題14を補助線を利用し証明してみてください.

問題 14　　△ABCにおいて、∠Aの二等分線とBCとの交点をDとする.
∠B = 40°、∠C = 20°ならば、AD + AC = BCである.

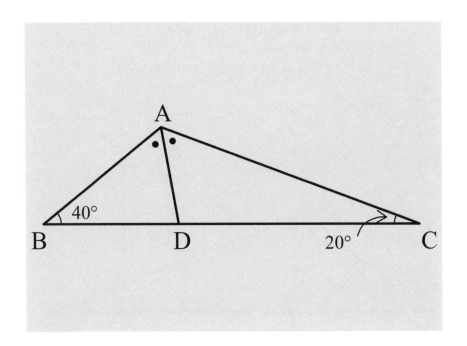

●─ **方針** ─

　AD + ACは折れた線分の長さの和なので、その長さと等しい長さの一本の線分で表すことができればBCと比べやすくなります.

●─ **使用する主な性質** ─

　三角形の合同条件およびその性質. 三角形の内角の和の性質. 二等辺三角形になるための条件.

●─ 解説 ─────────────────────────────────────

　CAの延長上に点EをAD＝AEにとります.

①∠BAC＝120°より、∠EAB＝∠DAB＝60°.

②△EABと△DABにおいて、AE＝AD、∠EAB＝∠DAB、ABは共通

　だから、△EAB≡△DABといえるので、∠ABE＝∠ABD＝40°.

③∠AEB＝180°－∠EAB－∠ABE＝80°.

④△CEBにおいて、∠CEB＝∠AEB＝80°、

　∠CBE＝∠ABE＋∠ABC＝80°より、∠CEB＝∠CBEだから、

　△CEBは二等辺三角形といえます.

⑤BC＝EC＝AE＋AC＝AD＋ACより、AD＋AC＝BC.

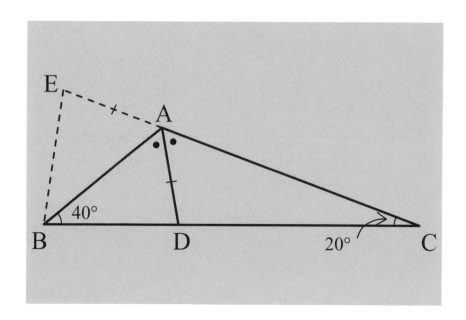

●─ 補助線 ─────────────────────────────────────

　ADをAEに移動しても長さは変わりません. 折れた線分の長さの和に関する問題にはよく利用される補助線のひき方です. CE＝CBであること示すために、BとEを結ぶ補助線は自然にひかれます.

次の問題15を補助線を利用して証明してみてください.

△OABにおいて、OA = OBとし、AB上の点をDとする.
AD = 2OD、∠AOD = 90°ならば、∠AOB = 120°である.

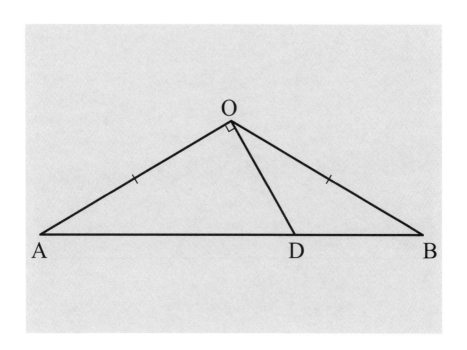

●― **方針** ―――――――――――――――――――――――――――――――

　∠AOB = 120°とすれば、∠OAB = ∠OBA = 30°であるはずです.
　∠OAB = 30°を示すことを目指します.

●― **使用する主な性質** ―――――――――――――――――――――――――

　直角三角形の中線の性質. 正三角形の性質. 三角形の内角の和の性質. 二等
辺三角形の性質.

●— 解説 ————————————————————————————

①ADの中点をEとすれば、∠AOD = 90°より、OE = ED.

②OD = ED = OEより、△OEDは正三角形だから、∠ODE = 60°.

③∠AOD = 90°．∠ODA = ∠ODE = 60°より、∠OAB = 30°.

④OA = OBより、∠OBA = 30°だから、∠AOB = 120°.

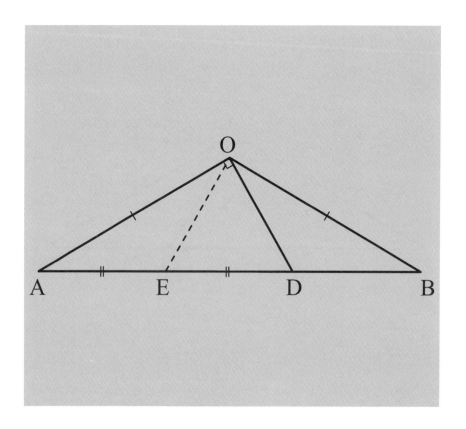

●— 補助線 ————————————————————————————

∠AOD = 90°であることとAD = 2ODから考えられる補助線がADの中点と
Oを結ぶ線分です．その補助線は正三角形をつくる役割を担い、∠A = 30°を
導き出すことにつながります．

次の問題16を補助線を利用して証明してみてください.

問題 16

△ABCにおいて、AB＝ACとし、AC上の点をDとする.
CからBDに垂線をひき、BDとの交点をEとするとき、
∠CBE＝∠AEDならば、∠CBE＝45°である.

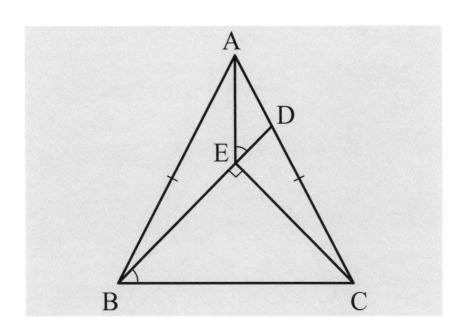

● **方針**

直角二等辺三角形の底角は45°なので、EB＝ECを示すことができればよい
のですが、このままでは動きがとれません. そこで∠EBCが底角となるよう
な直角二等辺三角形を他につくることができないかを考えます.

● **使用する主な性質**

対頂角の性質. 二等辺三角形になるための条件. 三角形の内角の和の性質.
三角形の合同条件およびその性質.

解説

AEの延長とBCとの交点をMとします.

① ∠BEM = ∠AED = ∠MBEより、△MBEは二等辺三角形だから、BM = EM.

② ∠MEC = 90° − ∠BEM = 90° − ∠EBM、∠MCE = 90° − ∠EBMより、∠MEC = ∠MCEだから、EM = CM.

③ MはBCの中点であり、AB = AC、AMは共通だから、△AMB ≡ △AMCといえるので、∠EMB = ∠AMB = ∠AMC = ∠EMC = 90°.

④ これとBM = EMより、∠CBE = ∠EBM = 45°といえます.

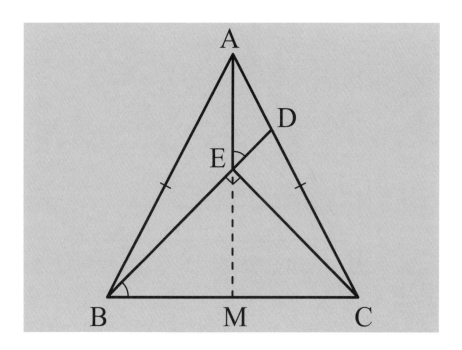

補助線

∠AEDを∠CBEに近づけるためにAEを延長する補助線EMをひきます. それにより∠AEDをその対頂角である∠BEMに移動することができ、∠CBEとのつながりをつくることができます. 同時に2つの直角二等辺三角形ができます.

次の問題17を補助線を利用して証明してみてください.

問題 17

△ABCにおいて、∠B = 40°、∠C = 20°とする. ∠Aの二等分線とBCとの交点をDとすれば、AD = CD − ABである.

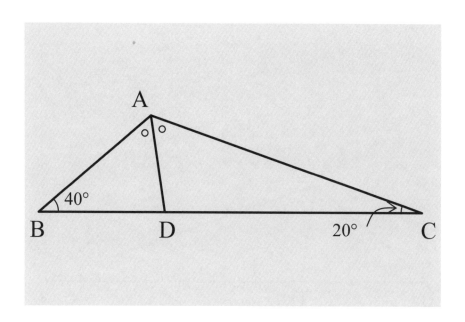

— 方針 ——

AD = CD − ABはAB + AD = CDと変形できます. AB + ADは折れ線の長さなので、一本の線分の長さに置き換えることができれば、その線分とCDが等しいことを示せばよいといえます.

— 使用する主な性質 ——

三角形の合同条件およびその性質. 三角形の内角の和の性質. 二等辺三角形になるための条件.

● 解説

①∠BAC = 120°より、∠BACの外角は60°です.

②BAの延長上にAD = AEとなる点EをとりEとCを結べば、△ADC ≡ △AECだから、CD = CE、∠ACD = ∠ACE = 20°.

③∠B = ∠BCE = 40°より、△EBCは二等辺三角形だから、BE = CE.

④CD = CE = BE = BA + AE = AB + ADより、CD = AB + AD. したがってAD = CD − ABといえます.

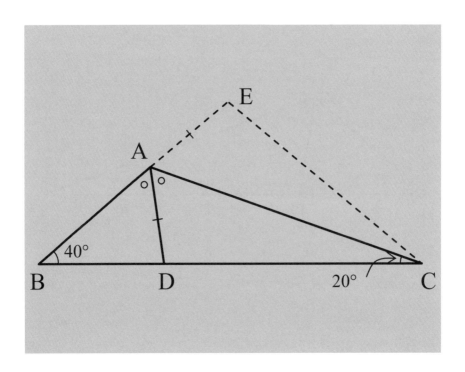

● 補助線

補助線AEはAB + ADの折れ線の長さを同じ長さの一本の線分に置き換えるための役割を担い、補助線ECは合同な三角形をつくるための辺の役割を担います. これによりCDはCEに移動でき、BEとのつながりをつけることができます.

次の問題18を補助線を利用し証明してみてください.

> △ABCにおいて、∠A = 60°とする．BAの延長上に点Dを
> AD = ABにとり、またACの延長上に点EをCE = ABにと
> るならば、BE = CDである.

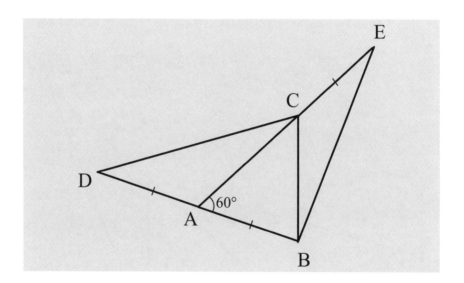

● **方針**

　DCとBEが対応する辺である合同な三角形を見いだすことができれば、結論が導けます．その三角形とは△ACDと△CBEのようにみえます．しかし∠DAC = 120°ですが、∠ECB = 120°とは限らないので、この2つの三角形は合同とはいえません．そこで△ADCと合同な三角形を図の中につくるための補助線を考えます.

● **使用する主な性質**

　二等辺三角形の性質．正三角形になるための条件．三角形の内角の和の性質．三角形の合同条件およびその性質.

解説

CDと向かい合う角である∠CADが120°だから、BEと向かい合う角として120°の角をつくるために、AE上にAB＝AFとなる点Fをとります.

①∠A＝60°より、△ABFは正三角形だから、AD＝AB＝AF＝BF.

②∠AFB＝60°より、∠BFE＝120°.

③FE＝FC＋CE＝FC＋AF＝ACより、FE＝AC. (＊)

④△FBEと△ADCにおいて、FB＝AD、∠BFE＝∠DAC＝120°、FE＝ACより、△FBE≡△ADCだから、BE＝DC. したがってBE＝CD.

（＊）点FがCE上のときは、FE＝CE－FC＝AF－FC＝AC.

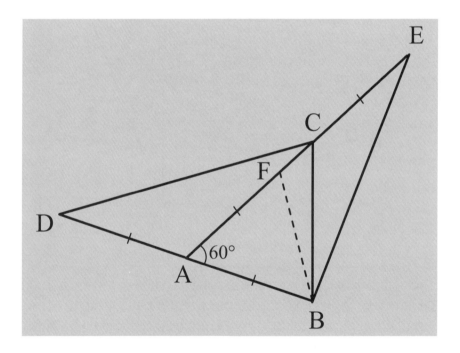

補助線

CDと向かい合う角である∠DACが120°だから、BEに向かい合う角として120°の角をつくることが必要になります. そこで∠A＝60°を利用するために補助線BFをひけば、∠AFB＝60°をつくることができます. これによりBEと向かい合う角が120°である△FBEが誕生します.

次の問題19を補助線を利用し証明してみてください.

問題 19

> △ABCにおいて、∠A = 90°、∠Bの二等分線とACとの交点をFとする. AからBCに垂線をひき、BF、BCとの交点をそれぞれE、Dとする. EF = 2DEならば、∠C = 30°である.

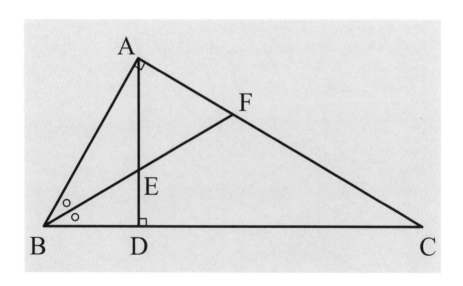

● **方針**

　∠C = 30°とすれば、∠B = 60°より、∠BAD = 30°となるはずです. そこで∠BAD = 30°を示すことを目指します. そのためにEF = 2DEだから、$\frac{1}{2}$EFの長さをもつ線分をつくる工夫をします.

● **使用する主な性質**

　二等辺三角形になるための条件およびその性質. 対頂角の性質. 三角形の合同条件およびその性質. 三角形の内角の和の性質.

● 解説

① $\angle \mathrm{AFE} = 90^\circ - \dfrac{1}{2}\angle \mathrm{B}$、$\angle \mathrm{AEF} = \angle \mathrm{BED} = 90^\circ - \dfrac{1}{2}\angle \mathrm{B}$ より、$\triangle \mathrm{AEF}$ は二等辺三角形だから、$\mathrm{AE} = \mathrm{AF}$.

② EFの中点をMとし、AとMを結べば、$\triangle \mathrm{AME} \equiv \triangle \mathrm{AMF}$ だから、$\angle \mathrm{AME} = \angle \mathrm{AMF} = 90^\circ$、$\angle \mathrm{EAM} = \angle \mathrm{FAM}$.

③ $\triangle \mathrm{AME}$ と $\triangle \mathrm{BDE}$ において、$\angle \mathrm{AME} = \angle \mathrm{BDE} = 90^\circ$、$\mathrm{EM} = \mathrm{ED}$、$\angle \mathrm{AEM} = \angle \mathrm{BED}$ より、$\triangle \mathrm{AME} \equiv \triangle \mathrm{BDE}$ だから、$\mathrm{AE} = \mathrm{BE}$、$\angle \mathrm{EAM} = \angle \mathrm{EBD}$.

④ $\mathrm{EA} = \mathrm{EB}$ より、$\angle \mathrm{EAB} = \angle \mathrm{EBA}$.

⑤ $\angle \mathrm{EAB} = \angle \mathrm{EBA} = \angle \mathrm{EBD} = \angle \mathrm{EAM} = \angle \mathrm{FAM}$、$\angle \mathrm{BAF} = 90^\circ$ だから、$\angle \mathrm{EAB} = \angle \mathrm{EAM} = \angle \mathrm{FAM} = 30^\circ$.

⑥ $\angle \mathrm{B} = 2\angle \mathrm{ABE} = 2\angle \mathrm{EAB} = 60^\circ$ より、$\angle \mathrm{C} = 30^\circ$ といえます.

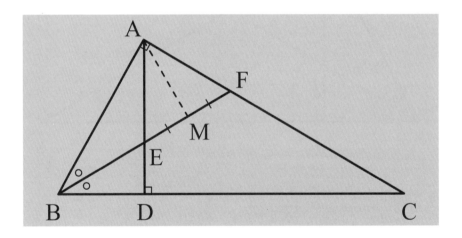

● 補助線

図形のもつ性質から$\triangle \mathrm{AEF}$が二等辺三角形であることがわかります. AMは二等辺三角形に応じたきまった補助線です. この補助線をひくことにより、$\mathrm{ME} = \mathrm{MF}$であることがわかり、$\mathrm{EF} = 2\mathrm{DE}$の条件を$\mathrm{EM} = \mathrm{DE}$に読み替えることができ、3つの三角形が合同であること、さらに$\triangle \mathrm{EAB}$が二等辺三角形であることがわかります.

次の問題 20 を補助線を利用し証明してみてください.

> △ABC において、∠B = 2∠C とする. ∠B の二等分線に
> A から垂線をひき、その交点を D とするならば、AC = 2BD
> である.

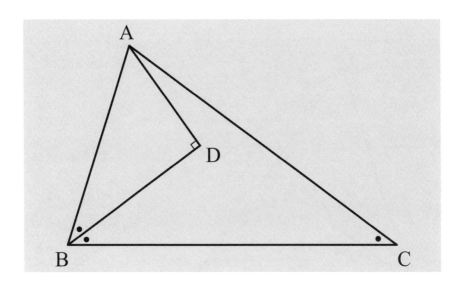

●— **方針** —————

　AC = 2BD を示すことは、AC の中点を F とし、FC = BD を示すことに置き換えることができます. ∠B の二等分線と∠ADB = 90° に着目すると、自然にひかれる補助線がみつかります. それによって AF = FC とのつながりができます. また∠DBC = ∠FCB より、この 2 つの角を底角とする二等辺三角形を図の中にはめ込むことができます.

●— **使用する主な性質** —————

　三角形の合同条件およびその性質. 二等辺三角形になるための条件. 中点連結の定理. 平行線の同位角の性質.

●— 解説

①BDの延長とACとの交点をGとすれば、GB = GC.

②ADの延長とBCとの交点をEとすれば、△BDA ≡ △BDEより、
AD = ED.

③ACの中点をFとすれば、DF∥ECより、∠GDF = ∠GFDだから、
GD = GF.

④GB = GC、GD = GFより、BD = GB − GD = GC − GF = FC.

⑤AC = AF + FC = 2FC、FC = BDより、AC = 2BDといえます.

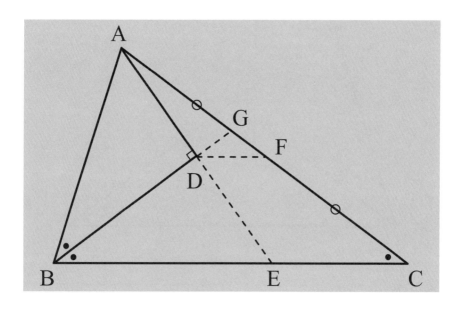

●— 補助線

ADを延長すれば、∠ADB = 90°と等しい角を隣につくることができるので、
△BADと合同な三角形をつくることができます. この補助線はよく利用され
る補助線のひとつです. また∠DBC = ∠Cの条件からは、二等辺三角形の性
質が利用されるのではないかとの予想がつくので、補助線DGがひかれます.
合同な三角形をつくるための補助線DEは、△AECをつくる役割も担い、中点
連結の定理を利用することを示唆します.

次の問題21を補助線を利用し証明してみてください.

 問題 21

> △CBDにおいて、CB = CDとする. Dを通りBCに交わる直線上に点Aをとり、∠CAD = ∠BCDとする. またBを通りDAに平行にひいた直線とCAの延長との交点をFとする. このとき、AD = CFである.

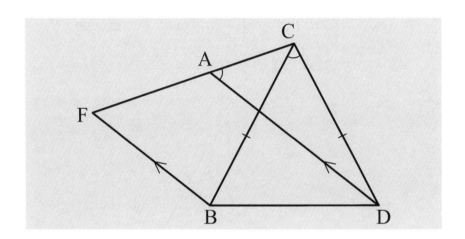

● 方針

　まず図形のもつ性質を探します. ADとBCの交点をPとします. ∠FBC = ∠APC = ∠PCD + ∠CDP = ∠PAC + ∠CDA = (∠ACDの外角)です. CF = ADとすれば、CB = CDより、△FBCと合同な三角形でCBに対応する辺がDCである三角形があれば結論が得られますが、△ACDとは合同にはなりません. そこでADを(∠ACDの外角)やDCに関係づけて、△FBCと合同な三角形をつくることができないかを考えます.

● 使用する主な性質

　三角形の合同条件およびその性質. 二等辺三角形の性質. 三角形の外角とその内対角の和の性質. 三角形の内角の和の性質. 平行線の同位角の性質.

解説

ACの延長上に点TをAD = DTにとります.

①△DTAは二等辺三角形だから、∠DTA = ∠DAT.

②AD∥FBより、∠DAT = ∠BFCだから、

∠DTC = ∠DTA = ∠BFC.　　　　　　　　　　　　　　　　　(1)

③ADとBCの交点をPとします. ∠DCT = ∠ADC + ∠DAC = ∠ADC +

∠DCP = ∠PDC + ∠DCP = ∠APCより、∠DCT = ∠APC.

④AD∥FBより、∠APC = ∠FBCだから、∠DCT = ∠FBC.　　　　(2)

⑤ (1)、(2)より、∠BCF = ∠CDT.　　　　　　　　　　　　　(3)

⑥△FBCと△TCDにおいて、BC = CD、∠FBC = ∠TCD、(3)より、

△FBC ≡ △TCDだから、CF = DT.

⑦AD = DTより、AD = CFといえます.

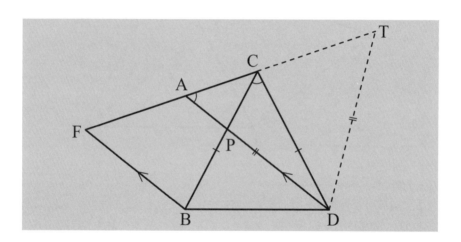

補助線

ADとCFが対応する辺となるような合同な三角形があればよいのですが、図形の中にはなさそうです. しかし△FBCのもつ条件の一部と等しい条件がほかにあることが図形のもつ性質からわかります. (∠ACDの外角) = ∠FBCです. これとCD = BCであることからみて、△FBCと合同な三角形はCDに関してそれとは反対側につくれることが予想できます. それによって補助線DTが自然にひかれます.

次の問題22を補助線を利用し証明してみてください.

問題 22

△ODAにおいて、OD = OAとし、OAの中点をEとする.
DEの延長と、AにおけるDAに垂直な直線との交点をFと
するならば、∠AOF = ∠ODEである.

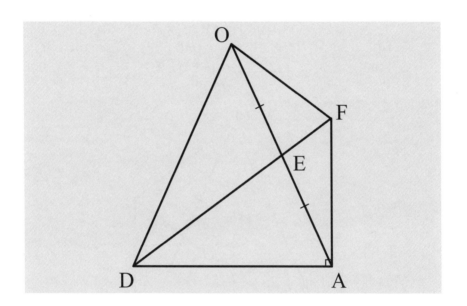

● **方針**

△FOAと中線FEに着目すると、自然にひかれる補助線があります. DE上
にEF = EGとなる点Gをとれば、AOとFGは互いに他を2等分する線分とい
えます. これをいとぐちにして図形のもつ性質を探します.

● **使用する主な性質**

平行四辺形になるための条件およびその性質. 平行線の同位角および錯角の
性質. 三角形の合同条件およびその性質. 直角三角形の合同条件およびその性
質.

解説

① DE上に点GをFE = EGにとります．点GとO、Aをそれぞれ結べば、
　四角形OGAFは平行四辺形だから、OG∥FA、OG = FA、OF∥GA.

② OGの延長とDAとの交点をMとすれば、OM∥FA.

③ ∠DAF = 90°より、∠OMA = ∠OMD = 90°.

④ △OMDと△OMAにおいて、OD = OA、∠OMD = ∠OMA = 90°、
　OMは共通だから、△OMD≡△OMAといえるので、DM = AM.

⑤ △GDMと△GAMにおいて、∠GMD = ∠GMA = 90°、DM = AM、
　GMは共通だから、△GDM≡△GAMといえるので、GD = GA.

⑥ △ODG≡△OAGだから∠ODG = ∠OAG.　OF∥GAより、∠OAG =
　∠FOA.　したがって∠AOF = ∠ODEといえます．

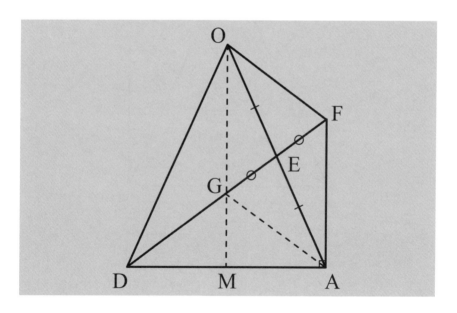

補助線

　図形の中に平行四辺形OGAFの一部である△FOAと中線FEが含まれています．そこで平行四辺形を復元するために補助線OG、GAが必要になります．補助線OMは二等辺三角形ODAの対称軸であり、GD = GAが得られ、△ODGと△OAGについての合同条件が満たされます．

次の問題23を補助線を利用し証明してみてください.

問題 23

△ABCにおいて、BC上の点PをBP＞PCにとる.　Cを通りAPに平行な直線とBAの延長との交点をQとする.　またCを通りABに平行な直線とAPの延長との交点をRとする.　BCの中点をMとするとき、AM∥QRならば、BP：PC＝2：1である.

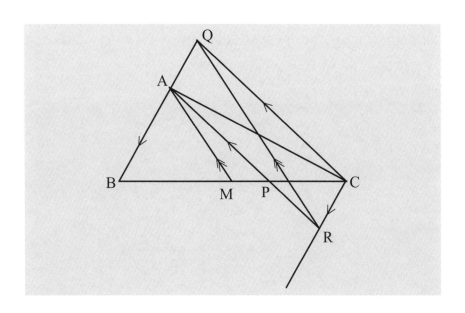

● **方針**

BP：PC＝2：1であるとすれば、AB∥CRより、AB：CR＝2：1のはずです.問題に該当する図形は平行四辺形の性質や平行線と線分の比の性質が利用できる条件を持っていることに着目して、AB：CR＝2：1を示します.

● **使用する主な性質**

平行四辺形になるための条件およびその性質.　平行線と線分の比の性質.

　AMを2倍にのばした点をSとし、SとB、Cをそれぞれ結びます.

①四角形ABSCは平行四辺形だから、AB＝CS、AB∥CS.

②QA∥CS、QC∥ARより、四角形QARCは平行四辺形だから、
　QA＝CR.

③AB∥CS、AB∥CRより、CRはCS上にあるといえます.

④QA∥RS、QR∥ASより、四角形QASRは平行四辺形だから、
　QA＝RS.

⑤CR＝RS、CS＝CR＋RS＝2CR、CR＝$\dfrac{1}{2}$CS.

⑥AB∥CRより、BP：PC＝AB：CR＝AB：$\dfrac{1}{2}$CS＝AB：$\dfrac{1}{2}$AB＝2：1

　だから、BP：PC＝2：1といえます.

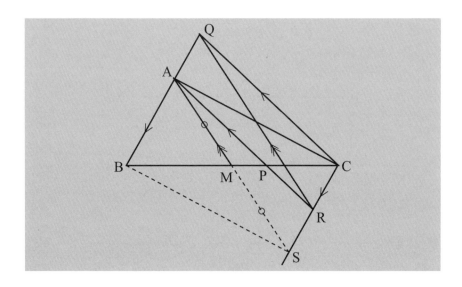

　△ABCと中線AMに着目すれば、平行四辺形をつくるための補助線は自然
にひくことができます. これによりCR＝RSを示すことを目指せばよいこと
がわかります.

次の問題24を補助線を利用し証明してみてください.

鋭角三角形ABCにおいて、∠A = 60°とし、△ABCの外接円の中心をOとする. BO、COそれぞれの延長とAC、ABとの交点をD、Eとするならば、BE = CDである.

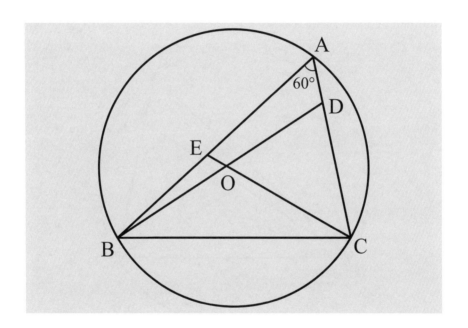

● **方針**

　∠BAC = 60°より、∠BOC = 120°であることがわかります. ∠BOCの外角は60°です. これをいとぐちとして、BEをCDまで移動するにはどうしたらよいかを考えます.

● **使用する主な性質**

　円周角と中心角の性質. 二等辺三角形になるための条件. 三角形の合同条件およびその性質. 三角形の外角とその内対角の和の性質. 対頂角の性質.

解説

①∠BAC = 60°より、∠BOC = 120°といえます.

②OD上に点FをOE = OFにとれば、△OBE ≡ △OCFだから、
BE = CF、∠EBO = ∠FCO.

③△CDFにおいて、∠CDF = ∠A + ∠ABD = 60° + ∠EBO、
∠CFD = ∠COF + ∠FCO = 60° + ∠FCOより、∠CDF = ∠CFDだから、
△CDFは二等辺三角形といえます.

④CD = CF、CF = BEより、BE = CDといえます.

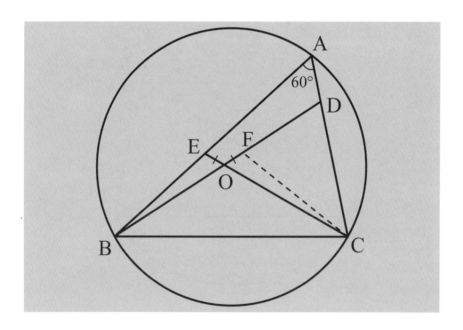

補助線

　△EBOは、BEを1辺とし、∠BOE（ = 60°）を辺OBとOEとがはさむ三角形です. この三角形と△CDOが合同であれば、BE = CDといえますが、この2つの三角形は合同には見えません. そこでまず△EBOと合同な三角形をつくりBEを移動させ、移動させた辺とCDとの関係を調べるという方法をとります. そのためにOD上にOE = OFとなる点Fをとり、FとCを結ぶ補助線が必要になります.

次の問題 25 を補助線を利用し証明してみてください.

問題 25

> △ABC において、AB、AC それぞれの延長上に点 D、E を AC = BD、AB = CE にとる. B、C それぞれより DE に垂線をひき、DE との交点を F、G とするならば、DE = 2FG である.

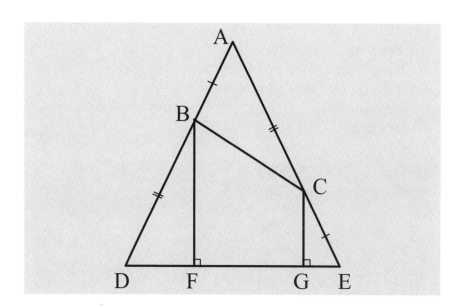

●─ **方針** ───────────────────────────

　△ADE は二等辺三角形なので、二等辺三角形に応じたきまった補助線をひいてみることが考えられます. 平行線と線分の比についての性質が利用できそうです.

●─ **使用する主な性質** ────────────────────

　直角三角形の合同条件およびその性質. 平行線になるための条件. 平行線と線分の比の性質.

● 解説

AからDEに垂線をひき、DEとの交点をHとします.

① △AHDと△AHEにおいて、AD = AE、∠AHD = ∠AHE = 90°、

　AHは共通だから、△AHD ≡ △AHEといえるので、DH = EH. （1）

② △AHDにおいて、$\dfrac{DB}{BA} = \dfrac{DF}{FH}$. △AHEにおいて、$\dfrac{AC}{CE} = \dfrac{HG}{GE}$.

③ $\dfrac{DB}{BA} = \dfrac{AC}{CE}$ より、$\dfrac{DF}{FH} = \dfrac{HG}{GE}$.

④ $\dfrac{DF}{FH} + 1 = \dfrac{HG}{GE} + 1$ より、$\dfrac{DF + FH}{FH} = \dfrac{HG + GE}{GE}$ だから、

　$\dfrac{DH}{FH} = \dfrac{HE}{GE}$.

⑤ これと (1) より、FH = GE.

⑥ したがって2FG = 2(FH + HG) = 2(GE + HG) = 2HE = DE より、

　DE = 2FG.

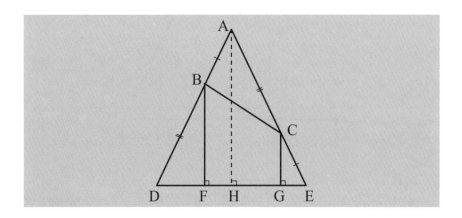

● 補助線

　△ADEは二等辺三角形です. 二等辺三角形に応じたきまった補助線を利用します. この補助線AHにより、BF∥AH∥CGとなり、線分の関係を比例式の形で表すことができるようになります. またこの補助線は、△ADEを2つの合同な三角形に分割することにより、DH = HEを導く役割もあります.

次の問題26を補助線を利用し証明してみてください.

問題
26

△ABCにおいて、AB＝ACとする．AC上の点をD、BCの延長上の点をEとする．AD：CE＝AC：BCならば、DB＝DEである．

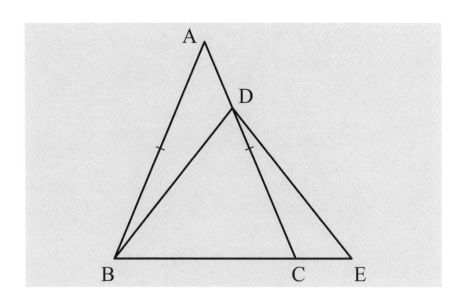

●── 方針 ──────────────

AD：CE＝AC：BCに着目してみます．線分の比と平行線の性質を表す比例式のようにみえますが、CEの位置が異なります．そこでCEと長さが等しい線分をADに対応する位置につくり、それをCEの代わりに利用します．

●── 使用する主な性質 ──────────────

平行線になるための線分の比の条件．二等辺三角形の性質およびその逆．三角形の合同条件およびその性質．

解説

①BC上の点FをBF = CEにとれば、AC : BC = AD : BF.

②DとFを結べば、AB∥DFより、∠DFC = ∠B = ∠ACBだから、
DF = DC.

③∠DFC = ∠DCFより、∠DFB = ∠DCE.

④△DBFと△DECにおいて、DF = DC、BF = EC、∠DFB = ∠DCEより、
△DBF ≡ △DECだから、DB = DE.

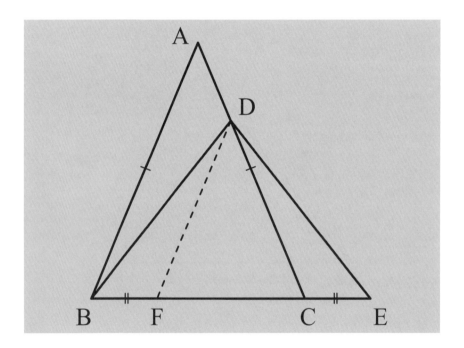

補助線

AD : CE = AC : BCの比例式で、CEがBCの延長上にあることから、「平行線になるための線分の比の条件」が使える図にはなっていません．そこでBC上にCEを移動させてBFをつくり、DとFを結びその性質が利用できる図を復元します．補助線DFは平行線の役割を担い、さらに二等辺三角形の辺としての役割も担います．

次の問題27を補助線を利用し証明してみてください.

問題 27

△ABCにおいて、AB = ACとする. BCの中点をDとし、AとDを結ぶ. △ADCの外接円とBDを直径とする円との交点をPとする. BPの延長とADの交点をMとする. このとき、AM = MDである.

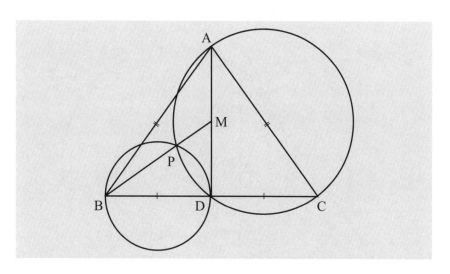

● **方針**

交わる2円に応じたきまった補助線として共通弦があります. ここでもそれを利用します. △ABCは二等辺三角形だから、AD⊥BCであることがわかります. 共通弦PDをひくことによって、接弦定理を利用することが予想できます. DMとMAが対応する辺である合同な三角形をつくることは難しいので、AM:MDの比をCD:DBの比に結びつけることを目指します.

● **使用する主な性質**

接弦定理. 円周角の定理. 三角形の相似条件およびその性質. 平行線と線分の比の性質.

解説

①PとDを結ぶことにより、接弦定理が利用できます．∠PDA＝∠PBD.

②PとA、Cをそれぞれ結べば、∠PAD＝∠PCD.

③△PDAと△PBCおいて、∠PDA＝∠PBD＝∠PBC、∠PAD＝∠PCD
＝∠PCBより、△PDA∽△PBCだから、∠APD＝∠CPB.

④△PDAをPを中心に回転移動することにより、△PBCに重ねます．
PD、PAの移動先をPD′、PA′とします．DAの移動先の線分D′A′とBC
は平行になります．PMはPM′に重なり、PM′はPD上にあります．CD
＝DBより、A′M′＝M′D′だから、AM＝MDといえます．

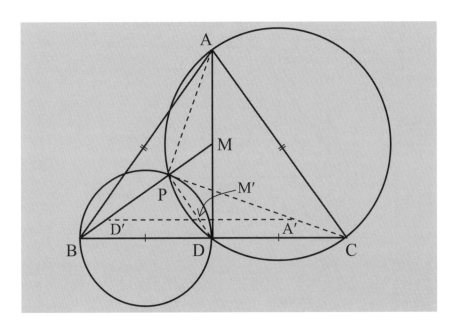

補助線

補助線PDをひくことにより、∠PDA＝∠PBCであることがわかり、ADと
CBが対応する辺とみられることから、補助線PAとPCが自然にひかれるとい
えます．AM：MDの比をCD：DBの比に結びつけるために、△PDAと△PBC
とを重ね合わせることが必要で、△PDAを△PBCに重ねたときの三角形であ
る△PD′A′をつくっています．

次の問題 28 を補助線を利用し証明してみてください.

△ABC 内の点を P とする. AB = BP、AP = PC、
∠ABP = ∠PCB = 30°ならば、∠BAC = 90°である.

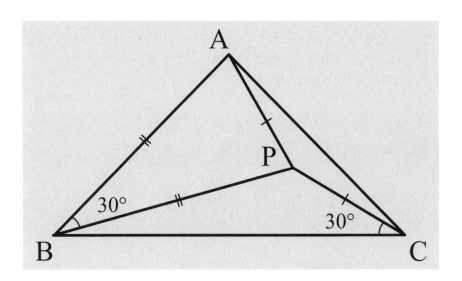

● **方針**

　△ABP は二等辺三角形で、∠ABP = 30°より、∠BAP = ∠BPA = 75°であることがわかります. ∠BAC = 90°であるとすれば、∠CAP = 15°であるはずです. そうすると△PAC は二等辺三角形だから、∠APC = 150°になるはずです. ∠APC = 150°を示すことを目指します. ∠PCB = 30°の利用のしかたを考えます.

● **使用する主な性質**

　二等辺三角形の性質. 正三角形になるための条件. 三角形の合同条件およびその性質. 三角形の内角の和の性質.

● 解説 ────────────────────────────────

　BCを軸にしてPと対称な点Tをとり、TとB、P、Cをそれぞれ結びます.

①∠PCT = 60°より、△PTCは正三角形だから、PC = PT.

②△ABPと△TBPにおいて、AB = PB = TB、AP = CP = TP、BPは共通
　だから、△ABP ≡ △TBPといえるので、∠PBT = ∠PBA = 30°.

③△PBC ≡ △TBCだから、∠PBC = ∠TBC = 15°.

④∠APB + ∠BPT + ∠CPT = 75° + 75° + 60° = 210°より、
　∠APC = 150°.

⑤△APCは二等辺三角形だから、∠CAP = 15°.

⑥したがって∠BAC = ∠BAP + ∠CAP = 75° + 15° = 90°より、
　∠BAC = 90°といえます.

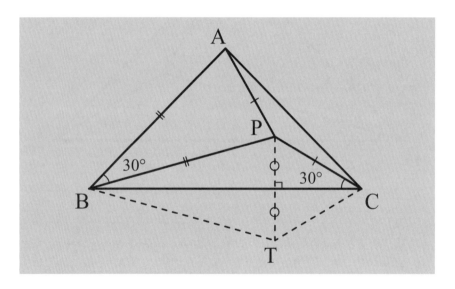

● 補助線 ────────────────────────────────

　∠APB、∠BPT、∠CPTの角度がわかれば、∠APCの角度がわかります.
∠PCB = 30°を利用するために、BCを軸とするPと対称な点Tをとり、補助
線BTとCTをひけば、△PBCと合同な三角形である△TBCをつくることがで
きます. またPとTが対称な点であることによるきまった補助線であるPTに
よって、二等辺三角形と正三角形が追加された図形が完成します.

次の問題29を補助線を利用し証明してみてください.

問題 29
> △ABCにおいて、∠B = 30°、BCの中点をMとする. AM = ACならば、∠C = 60°である.

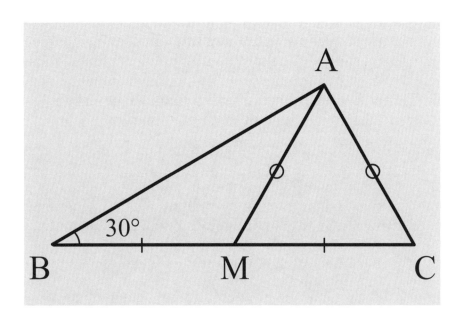

● **方針**

∠ACB = α とすれば、△AMCは二等辺三角形だから、∠MAC = 180° − 2α です. ∠ABC = 30°だから、∠BAMをαを使って表せば、∠C = αが求められます. ∠ABM = 30°の利用のしかたを考えます.

● **使用する主な性質**

二等辺三角形の性質. 正三角形になるための条件. 三角形の内角の和の性質. 三角形の合同条件およびその性質.

解説

ABを軸にMと対称な点Pをとり、PとA、M、Bをそれぞれ結びます.

① ∠PBM = 60°、BP = BMより、△PBMは正三角形だから、PM = BM = MC.

② △APMと△AMCにおいて、AP = AM、AM = AC、PM = MCより、△APM ≡ △AMCだから、∠APM = ∠AMC.

③ ∠AMC = ∠ACMより、∠APM = ∠ACM.

④ ∠ACB = ∠ACM = α とすれば、△APMは二等辺三角形だから、∠APM = ∠AMP = α.　したがって∠PAM = 180° − 2α.

⑤ ∠BAM = $\dfrac{1}{2}$∠PAM = $\dfrac{1}{2}$(180° − 2α) = 90° − α.

⑥ △ABCにおいて、∠ABC + ∠ACB + ∠BAM + ∠CAM = 180°.

⑦ 30° + α + 90° − α + 180° − 2α = 180°、2α = 120°より、∠C = α = 60°.

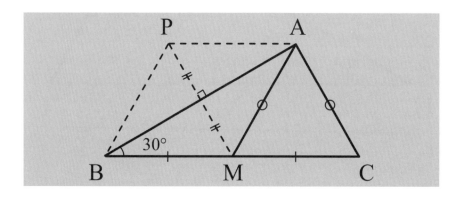

補助線

∠C = 60°すれば、△AMCは正三角形となるはずです. するとBM = MCであることから、BMを1辺とする正三角形をBCに関して同じ側につくることができるはずです. そこでこの正三角形をつくるために、∠ABC = 30°を利用してABを軸としてMと対称な点Pをとり、補助線PB、PMをひきます. これによりPM = MCがいえるので、補助線APをひくと△APMと△AMCを関係づけることができます.

次の問題30を補助線を利用し証明してみてください.

問題
30

△ABCにおいて、∠A＞90°、AB＜ACとする. 点CにおけるACに垂直な直線とBAの延長との交点をDとし、BCの中点をMとする. ∠AMB＝∠DMCならば、∠B＝2∠ACBである.

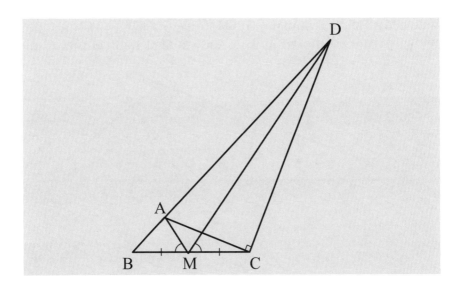

●— **方針**

　BMとCMが対応する辺で△ABMと合同な三角形を図のなかにできることが予想できます. BM＝CM、∠AMB＝∠DMCより、∠ABMと等しい角を頂点Cのまわりにつくるにはどうしたよいかを考えます.

●— **使用する主な性質**

　平行線と線分の比の性質. 直角三角形の中線の性質. 二等辺三角形になるための条件およびその性質. 平行線の錯角の性質. 三角形の合同条件およびその性質.

74

解説

Aを通りBCに平行な直線をひき、DM、DCとの交点をP、Eとします.

① AE∥BC、BM＝MCより、AP＝PE.

② △ACEは直角三角形だから、CとPを結べば、AP＝PC＝PE.

③ ∠PAC＝∠PCA、∠PAC＝∠ACBより、∠PCB＝∠PCA＋∠ACB＝2∠ACBだから、∠PCB＝2∠ACB.

④ AP∥BCより、∠PAM＝∠AMB. ∠AMB＝∠DMC＝∠APMより、∠PAM＝∠APMだから、MA＝MP.

⑤ △ABMと△PCMにおいて、BM＝CM、∠AMB＝∠PMC、AM＝PMより、△ABM≡△PCMだから、∠ABM＝∠PCM.

⑥ ∠PCM＝∠PCB＝2∠ACB、∠ABC＝∠ABM＝∠PCMより、∠B＝2∠ACBといえます.

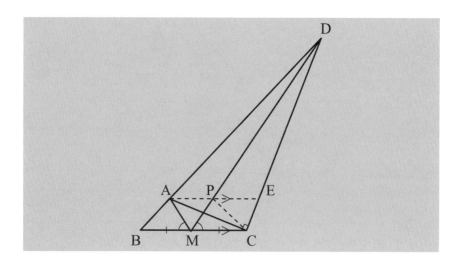

補助線

MCを底辺とする△ABMと合同な三角形をつくるためには、BMを底辺としたときの△ABMの高さと等しい高さをもち、∠DMCを内角としてもつ三角形をつくればよいといえます. そこで等しい高さをつくるためにAを通りBCに平行な直線を補助線としてひく必要があります. 補助線PCは合同な三角形の辺であると同時に、直角三角形に応じたきまった補助線になります.

次の問題31を補助線を利用し証明してみてください.

問題 31

△ABCは円に内接する正三角形とする. 円周上の点をD、△ABC内の点をPとするとき、四角形BDCPが平行四辺形ならば、AP＝DPである.

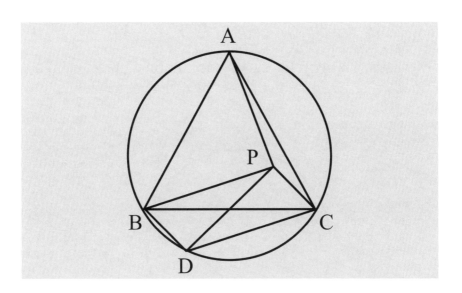

● **方針**

PDを1辺とする三角形には△PBDと△PCDがあります. APを1辺とする三角形で、このどちらかと合同な三角形をつくることができれば結論が得られます. DPとAPが対応する辺となるこのような三角形をつくることができないかを考えます. まず図形のもつ性質を探します.

● **使用する主な性質**

円周角の定理. 正三角形になるための条件. 平行線の錯角の性質. 円に内接する四角形の性質. 平行四辺形の性質. 三角形の合同条件およびその性質. 三角形の内角の和の性質.

解説

　BPの延長と円との交点をQとし、QとA、Cをそれぞれ結びます.

①∠AQB = ∠ACB = 60°、∠BQC = ∠BAC = 60°.

②四角形ABDCは円に内接するので、∠BAC = 60°より、∠BDC = 120°.

③四角形PBDCは平行四辺形だから、∠BPC = ∠BDC = 120°.

④∠QPC = 60°、∠PQC = ∠BQC = 60°より、△PCQは正三角形だから、PQ = QC = CP.

⑤△AQCと△CDBにおいて、AC = CB、∠CAQ = ∠CBQ = ∠BCD、∠ACQ = ∠CBDより、△AQC ≡ △CDBだから、AQ = CD.

⑥BQ∥DCより、∠PCD = ∠QPC = 60°.

⑦△APQと△DPCにおいて、AQ = DC、∠AQP = ∠DCP = 60°、PQ = PCより、△APQ ≡ △DPCだから、AP = DPといえます.

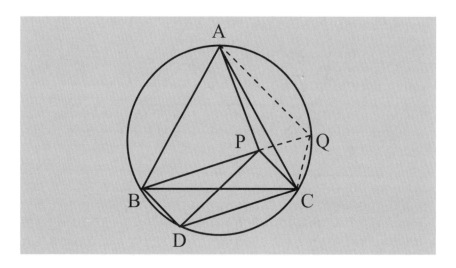

補助線

　正三角形の内角が60°であることを利用するために、補助線PQ、QCがひかれます. これにより正三角形PCQができます. またQとAを結ぶ補助線AQは弧ABに対する円周角をつくるので、∠AQP = ∠AQB = 60°であることがわかります. ∠AQPが△PDCの∠DCPに対応する角になります. これらの補助線は、合同な三角形をつくるための役割を担います.

次の問題32を補助線を利用し証明してみてください.

問題
32
　鋭角三角形ABCの外接円の中心をOとする．AC上に点D
をとり、AD：DC＝1：2とする．DOの延長とBCとの交
点をEとする．このときED＝ECならば、OD＝OEである．

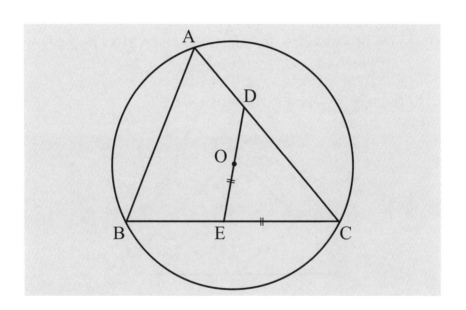

● **方針**

　OD＝OEとすれば、AD：DC＝1：2である条件に着目することによって見
いだせる補助線があり、それをいとぐちとして考えます.

● **使用する主な性質**

　二等辺三角形の性質およびその逆．平行線の同位角の性質．三角形の合同条
件およびその性質．三角形の外角とその内対角の和の性質．平行線と線分の比
の性質.

●— **解説**

①ED = EC より、∠ECD = ∠EDC.

②OからECに平行な直線をひき、ACとの交点をFとします. ∠OFD = ∠ECD = ∠EDC = ∠ODFより、△OFDは二等辺三角形だから、OD = OF.

③OとA、Cをそれぞれ結ぶと、△AOCは二等辺三角形だから、∠OAC = ∠OCA.

④∠EDC = ∠DFO、∠OAC = ∠OCAより、∠AOD = ∠COF.

⑤△AOD ≡ △COFだから、AD = CF.

⑥DC = DF + CF = DF + AD、AD : DC = 1 : 2 より2AD = DCだから、2AD = DF + AD.

⑦これよりDF = ADだから、AD = DF = FC.

⑧OF∥EC、DF = FCより、DO = OEといえます.

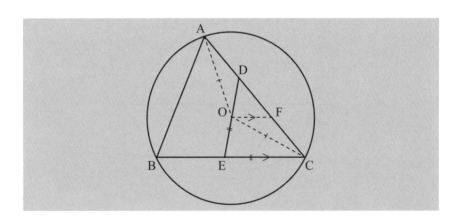

●— **補助線**

　OD = OEとすれば、DCの中点とOを結ぶ線分はECに平行な線分となります. したがってOを通るECに平行な線分OFが補助線として利用されることが予想できます. これによりDF = FCを示すことが目標であることがわかります. この補助線OFが、角を移動させる、二等辺三角形および合同な三角形のそれぞれの辺となる、平行線と線分の比の性質が利用できる図をつくるという3つの重要な役割を担います.

次の問題33を補助線を利用し証明してみてください.

> **問題 33**
>
> △ABCにおいて、AB = AC、∠A = 90°とする. AC上に点D、Eをとり、AD = CEとする. またBC上に点PをBP > CPにとる. このとき、∠ADB = ∠CEPならば、AP⊥BDである.

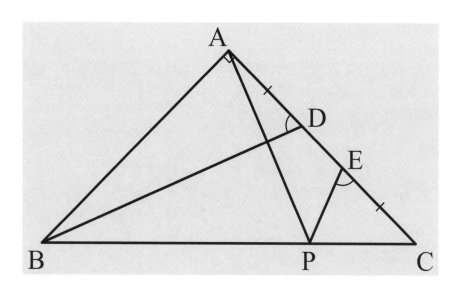

● **方針**

　△CEPは、CEを1辺としその両端の角が∠CEPと∠ECP(= 45°)の条件をもつ三角形です. ∠CEP = ∠ADBであり、CE = ADであることから考えると、ADを1辺としその両端の角が∠ADBと45°の角をもつ合同な三角形と関係するようにみえます.

● **使用する主な性質**

　直角二等辺三角形の性質. 三角形の合同条件およびその性質. 対頂角の性質. 三角形の内角の和の性質. 三角形の相似条件およびその性質.

● 解説

①頂点Aを通りBCに垂直な直線とBCとの交点をMとすれば、

△AMB ≡ △AMC だから、∠BAM = ∠CAM = 45°、MA = MB = MC.

②AMとBDとの交点をTとすれば、△EPC ≡ △DTA より、

CP = AT だから、MT = MP.

③△AMP と △BMT において、MP = MT、∠AMP = ∠BMT = 90°、

AM = BM より、△AMP ≡ △BMT だから、∠PAM = ∠TBM.

④BDとAPの交点をSとします。△ATS ∽ △BTM より、∠AST = ∠BMT

= 90° だから、AP⊥BD といえます.

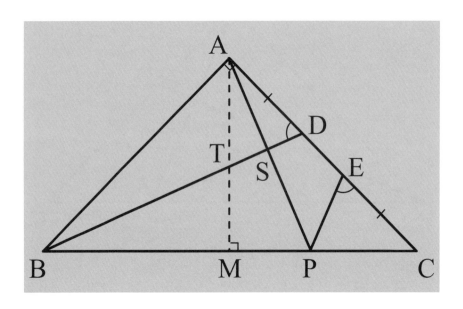

● 補助線

　直角二等辺三角形の頂点から底辺に垂直にひく垂線は、補助線としてよく使われます. この問題でも AM は合同な三角形をつくる役割を担っています. すなわち、AMとBDの交点ができるので、△CEPと合同な三角形をつくることができます. これをいとぐちとして図形のもつ性質を探すことができます.

次の問題34を補助線を利用し証明してみてください.

問題
34

△ABCにおいて、AC = 2ABとし、BCの中点をMとする.
∠BAM = 3∠CAMならば、∠BAC = 120°である.

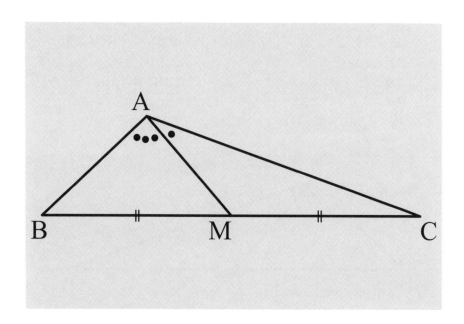

●─ 方針 ─

　△ABCとMがBCの中点であることに着目すると、よく利用される補助線をひくのではないかと予想できます. ∠BAC = 4∠CAMだから、∠CAM = 30°を示すことを目指します.

●─ 使用する主な性質 ─

　三角形の合同条件およびその性質. 二等辺三角形になるための条件. 三角形の外角とその内対角の和の性質. 直角三角形になるための条件. 対頂角の性質.

● 解説

　AMの延長上に点HをAM＝MHにとり、HとCを結びます.

　また∠MAC＝θとします.

①△ABM≡△HCMだから、∠MHC＝∠BAM＝3θ、AB＝CH.

②AC上に点Nをとり、∠NHA＝θとすれば、△NAHは二等辺三角形
　だから、NA＝NH.　　　　　　　　　　　　　　　　　　　　　　　（1）

③∠CHN＝∠CNH＝2θより、△CNHは二等辺三角形だから、
　CN＝CH.

④AB＝CN、NA＝AC－CN＝2AB－CN＝2CN－CN＝CNより、
　NA＝CN.

⑤これと（1）より、NA＝NH＝CNだから、△AHCは∠AHC＝90°の
　直角三角形といえます.

⑥$3\theta$＝∠AHC＝90°より、θ＝30°だから、∠BAC＝4θ＝120°.

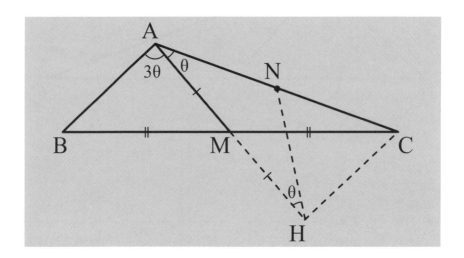

● 補助線

　AMを2倍に延長する補助線MHは、合同な三角形をつくるときによく利用
されます. さらにHとCを結び△AHCをつくります. ∠BAC＝120°とすれば、
∠AHC＝90°といえるはずです. ∠AHC＝90°といえるための条件をつくる
ためにAC上に点Nをとり、補助線NHをひきます.

次の問題35を補助線を利用し証明してみてください.

問題
35

△ABCにおいて、BCの中点をMとする. AC上の点をD
とし、AMとBDの交点をEとする. AからBCに平行な
直線をひきBDの延長との交点をFとする.
このとき、ME = EDならば、AM = DFである.

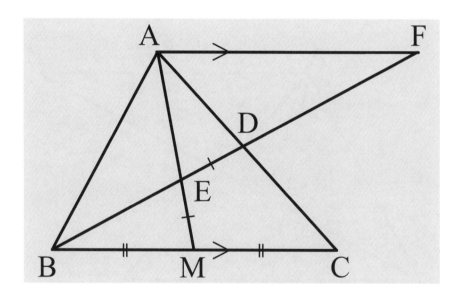

● 方針

　平行線と線分の比の性質を利用するのではないかと予想できます. AM：
ME = DF：DEであれば、ME = DEより、AM = DFといえます. DF：DEの
比をAM：MEの比まで移動できないかと考えます.

● 使用する主な性質

　平行線と線分の比の性質.

解説

　Eを通りBCに平行な直線をひき、AB、ACとの交点をX、Yとします.

①AF∥EYより、DF：DE＝AF：YE.

②YE＝XEより、AF：YE＝AF：XE.

③AF：XE＝BA：BX.

④BM∥XEより、BA：BX＝MA：ME.

⑤したがってDF：DE＝MA：MEといえます. これとDE＝MEより、
　DF＝MAだから、AM＝DFといえます.

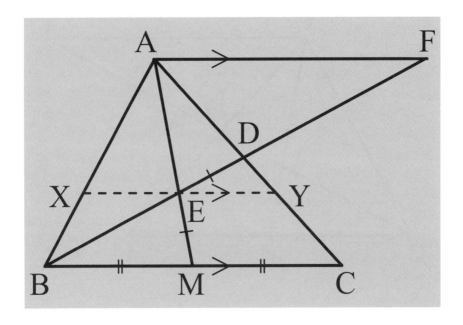

補助線

　△ABCとBCの中点Mが指定されていることから、平行線と線分の比の性質を表す図を復元しようと考えて、Eを通りBCに平行な補助線をひきます. この補助線はよく利用されます. 補助線XYをひくことによって、AF、XY、BCが平行となり、線分の比を移動するための条件が満たされます.

次の問題36を補助線を利用し証明してみてください.

問題 **36**

△ABCにおいて、∠A = 90°、AB = AC、ACの中点をMとする. AB上に点Dをとり、AD : DB = 1 : 2とする. BMとCDとの交点をRとすれば、∠BRC = 135°である.

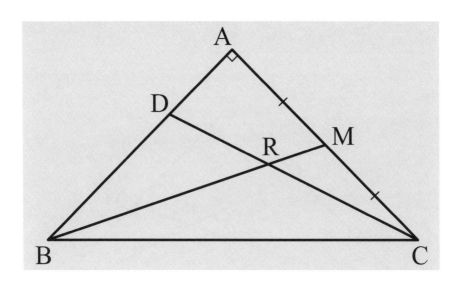

●── **方針** ────────────────────────────

　　∠BRC = 135°すれば、∠RBC + ∠RCB = 45°のはずです. ∠ACB = ∠ACD + ∠RCB = 45°だから、∠RBC = ∠ACDのはずです. ∠RBC = ∠ACDを示すことを目指します.

●── **使用する主な性質** ─────────────────

　　二等辺三角形の性質およびその逆. 三角形の合同条件およびその性質. 三角形の相似条件およびその性質. 三角形の内角の和の性質. 平行線になるための条件. 平行線と線分の比の性質.

解説

Mを通りBCに垂直な直線をひき、BCとの交点をPとします.

①△PMCにおいて、∠PMC = ∠PCM = 45°より、PM = PC.

②AからBCに垂直な直線をひき、BCとの交点をQとします.

AM = MC、AQ∥MPより、CP = PQ.

③△AQB ≡ △AQCだから、BQ = CQ. PB : PM = PB : PC = 3 : 1.

④△ADCと△PMBにおいて、∠CAD = ∠BPM = 90°、AD : AC = 1 : 3、

PM : PB = 1 : 3より、△ADC∽△PMBだから、∠ACD = ∠PBM.

⑤∠RBC + ∠RCB = ∠PBM + ∠DCB = ∠ACD + ∠DCB = ∠ACB = 45°だから、∠BRC = 135°.

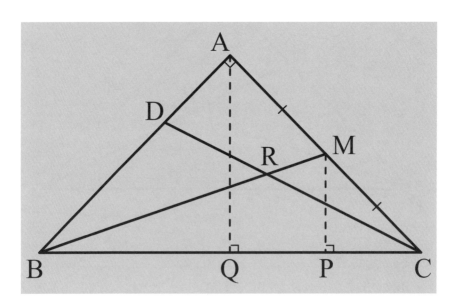

補助線

∠ACDを内角とする三角形は△ADCです. ∠RBCと∠ACDが対応する角で△ADCと相似な三角形をつくるには、∠CAD = 90°に対応する角をつくる必要があります. そのために補助線MPが必要になります. 補助線AQは直角二等辺三角形に応じたきまった補助線で、これをひくことにより合同な三角形の性質や平行線と線分の比の性質が利用できるようになります.

次の問題37を補助線を利用し証明してみてください.

問題
37

△ABCにおいて、BC上の点Dを、AB = AD、BD = DC、
∠BAD = 2∠ACBにとる. DからACに垂直な直線をひき、
点CにおけるBCに垂直な直線との交点をEとする.
このとき、DE = 2ADである.

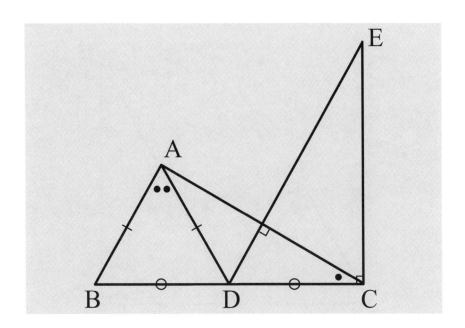

●― 方針 ―

2ADの長さをもつ線分をつくり、その線分とDEの長さが等しいことを示します.

●― 使用する主な性質 ―

三角形の外角とその内対角の和の性質. 直角三角形になるための条件. 二等辺三角形の性質. 三角形の内角の和の性質. 三角形の合同条件およびその性質.

●— 解説

DAの延長上に、AD = AFとなる点Fをとり、FとBを結びます.

① AD = AF = AB より、∠FBD = 90°.

② ∠ACB = α とすれば、∠BAD = 2α、∠ABF = ∠AFB = α.

③ ∠ABD = β とすれば、$\alpha + \beta = 90°$ だから、∠EDC = β.

④ △FBD と △ECD において、BD = CD、∠FBD = ∠ECD = 90°、∠FDB = ∠EDC = β より、△FBD ≡ △ECD だから、DE = DF = AD + AF = 2AD. したがって DE = 2AD.

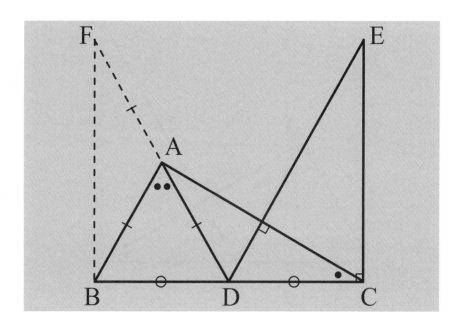

●— 補助線

2ADの長さをもつ線分を図の中につくるために補助線がひかれています. このように実際に図の中に等しい長さをもつ線分をつくるためにひく補助線はよく利用されます. DFとDEが対応し、△ECDと合同な三角形をつくるために、補助線FBが必要になります.

次の問題38を補助線を利用し証明してみてください.

問題
38

△ABCの∠Aの二等分線と、CからABに平行にひいた直
線との交点をE、またBからACに平行にひいた直線との交
点をDとする. ACの延長上に点HをAB = CHにとる.
このとき、△HDEは二等辺三角形である.

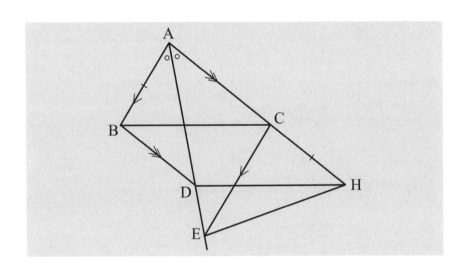

● **方針**

HEを辺とする三角形である△CEHに着目します. HEに対応する辺がDH
となるような△CEHと合同な三角形があればよいのですが、このままではそ
のような三角形は見あたりません. そこで∠CHEをはさむ辺HE、HCに対応
する辺を図の中につくることができないかを考えます. AB = CHより、ABを
DHに近づけます.

● **使用する主な性質**

平行四辺形の性質. 平行線の錯角および同位角の性質. 二等辺三角形になる
ための条件. 三角形の合同条件およびその性質.

90

● 解説

---

①AC∥BDより、Dを通りABに平行な直線をひきACとの交点をFとすれば、四角形ABDFは平行四辺形だから、FD = AB.

②∠FAD = ∠BAD = ∠FDAより、AF = FD = CH.

③△CAEにおいて、∠CAE = ∠BAD = ∠FDA = ∠CEAだから、
CA = CE.

④CA = AF + FC = CH + FC = FH. CA = CEより、CE = FH.

⑤AB∥CE∥FDだから、∠HFD = ∠HCE.

⑥△CEHと△FHDにおいて、CE = FH、CH = FD、∠ECH = ∠HFD
より、△CEH ≡ △FHDだから、HE = DH.
したがって△HDEは二等辺三角形といえます.

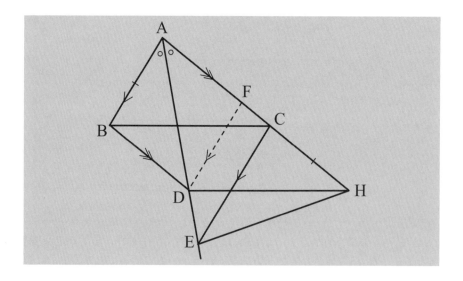

● 補助線

　△CEHの∠CHEをはさむ2辺HEとHCに対応する辺をつくります. HEはHDに対応するので、HCに対応する辺をつくります. HC = AB、AC∥BDなので、ABを平行移動して線分DFをつくれば、△CEHの2辺と等しい2辺をもつ三角形をつくることができます. また補助線DFは平行四辺形や二等辺三角形をつくり、それらの性質が利用できるようにする役割も担います.

次の問題39を補助線を利用し証明してみてください.

問題39

△ABCにおいて、BCの中点をM、BM上の点をDとし、AB、AC上の点をそれぞれP、Qとする. ∠CAM = ∠BAD、PD∥AC、DQ∥ABならば、4点P、B、C、Qは同一円周上にある.

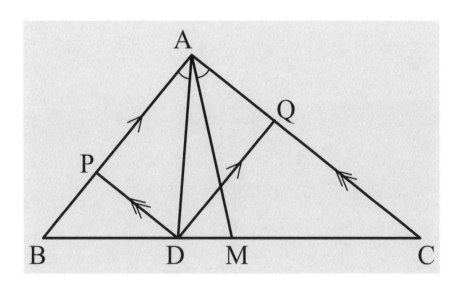

● 方針

4点P、B、C、Qが同一円周上にあることを示すには、補助線PQが自然にひかれ、∠APQ = ∠ACBを示すことに置き換えることができます. ADとPQの交点をKとすれば、∠PAK = ∠CAMより、∠APKと対応する角をもつ△APKと相似な三角形が見つかればよいといえます.

● 使用する主な性質

平行四辺形になるための条件およびその性質. 平行線の同位角の性質. 三角形の相似条件およびその性質. 四角形が円に内接するための条件.

①PとQを結ぶと、平行四辺形APDQに対角線がひかれた図ができます．対角線の交点をKとすれば、AK = KD.

②AMの延長上に点NをAM = MNにとれば、平行四辺形ABNCに対角線がひかれた図ができるので、∠ABN = ∠ACN.

③PD∥AC∥BNより、∠APD = ∠ABN = ∠ACN.

④△APDと△ACNにおいて、∠PAD = ∠CAN、∠APD = ∠ACNより、△APD∽△ACNといえます．

⑤$AK = \frac{1}{2}AD$、$AM = \frac{1}{2}AN$ より、△APK∽△ACMだから、∠APK = ∠ACM. したがって∠APQ = ∠ACBより、4点P、B、C、Qは同一円周上にあるといえます．

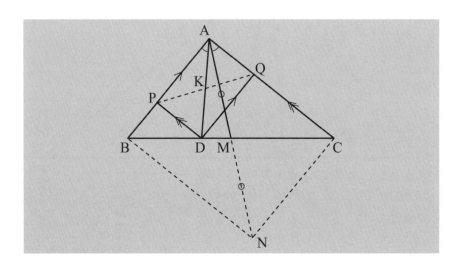

●━ 補助線 ━━━━━━━━━━━━━━━━━━━━━━━━━━━━

PQは四角形が円に内接する条件を使うための補助線であるとともに、平行四辺形の対角線でもあり、これにより∠ACBと等しい角である∠APQをつくることができます．図形の一部に平行四辺形の対角線が互いに他を2等分する図の一部が含まれていることから、それを復元するための補助線PQが必要になります．その結果として△ACMと相似な三角形をつくることができます．

次の問題40を補助線を利用し証明してみてください.

△OABにおいて、OA = OBとする.　AB上の点Dを
AD：DB = 2：1にとる.　∠AOD = 3∠DOBならば、
∠AOB = 120°である.

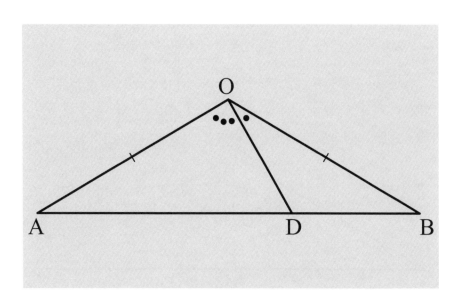

● 方針

　∠A = ∠Bだから、∠AOB = 120°とすれば、∠B = 30°であるはずです.

　二等辺三角形に応じたきまった補助線を利用し、そのときにできる三角形の
形状を調べます.

● 使用する主な性質

　二等辺三角形の性質.　三角形の合同条件およびその性質.　三角形の内角の二
等分線と線分の比の性質.　三角形の内角の和の性質.

① O から AB に垂線をひき、AB との交点を M とすれば、△OMA ≡ △OMB だから、AM = BM、∠AOM = ∠BOM.

② ∠BOD = α とすれば、∠AOD = 3α より、∠BOM = 2α だから、 ∠DOM = ∠DOB = α.

③ AD : DB = (AM + MD) : DB、(BD + MD + MD) : DB = 2 : 1、 2DB = DB + 2MD より、DB = 2MD だから、MD : DB = 1 : 2.

④ △OMB において、∠MOD = ∠BOD より、OM : OB = MD : DB = 1 : 2 だから、∠B = 30°. したがって∠A = 30° より、∠AOB = 120°.

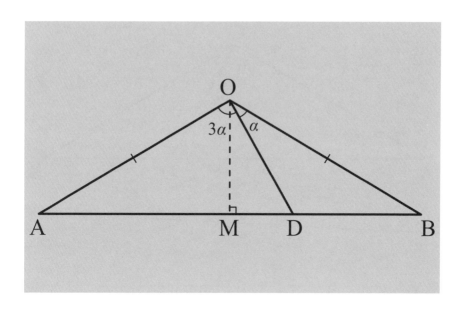

　垂線 OM は二等辺三角形に関する問題にはよく使われる補助線です．この線分によって2つの合同な三角形ができ、その性質が利用できるようになります。また∠DOM = ∠DOB であることから、三角形の内角の二等分線と線分の比の性質が利用できるようになります．

次の問題41を四角形PBCDが円に内接することを使わないで証明してみてください．補助線は利用します．

> **問題 41**
>
> 平行四辺形ABCDの対角線BDに関して、Aがある側に正三角形PBDをつくる．∠BAD = 120°ならば、AP = ACである．

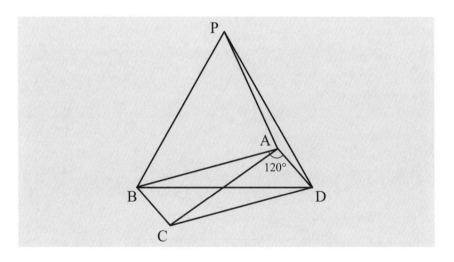

● **方針**

ACとAPが対応する辺である合同な三角形をつくることができれば、結論が得られます．ACを辺とする三角形には△ABCと△ADCがあり、この2つは合同です．この2つのいずれかと合同でAPを辺とする三角形をつくることを目指します．∠ABC = 60°、(∠BADの外角) = 60°といえることから、これをいとぐちにして考えます．

● **使用する主な性質**

二等辺三角形の性質．三角形の内角の和の性質．正三角形になるための条件．平行線の性質．三角形の合同条件およびその性質．

● 解説

　∠BAD = 120°より、BAを延長すれば60°が得られます. そこでBAの延長上にAD = AQである点QをとりDと結びます.

①∠DAQ = 60°、AD = AQより△ADQは正三角形といえます.

②△PDQと△BDAにおいて、PD = BD、DQ = DA、∠PDQ = 60° − ∠PDA = ∠BDAより、△PDQ ≡ △BDAだから、∠PQD = 120°、PQ = BA.

③△ABCと△PQAにおいて、AB = PQ、BC = AD = QA、∠ABC = ∠PQA = 60°より、△ABC ≡ △PQAだから、AC = PA.

　したがってAC = APといえます.

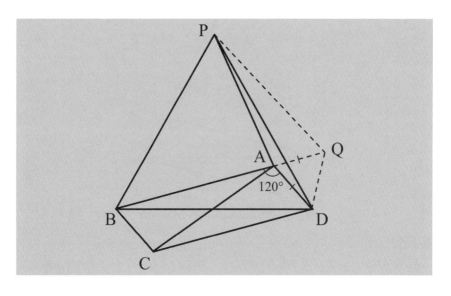

● 補助線

　∠BAD = 120°より、BAを延長する補助線をひくと、60°の角をつくることができます. それを利用するとADを1辺とする正三角形がつくれます. この正三角形が2組の合同な三角形をつくる重要な役割を担っています. 正三角形ができると、AQ = CBといえます. AC = APを示すためには、AQ = CBがすでにわかっているから、ABに対応する辺であるPQは自然にひかれる補助線といえます.

次の問題42は前問の逆です．前問を参考にして考えてみてください．

問題
42
> △ABCのBCに関して、Aがある側に正三角形DBCをつく
> る．BCの中点をMとし、AD = 2AMならば、∠BAC =
> 120°である．

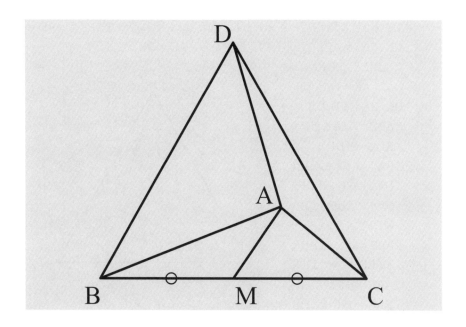

●― **方針** ―――――――――――――――――――――――――

　AD = 2AMより、AMを2倍に延長して線分AEをつくれば、AD = AEとみ
ることができます．また前問では、ACを1辺とする正三角形を△ABCの外側
につくりました．この問題でもそのときの補助線が利用できないかを考えます．

●― **使用する主な性質** ―――――――――――――――――――――

　正三角形の性質．三角形の合同条件およびその性質．平行四辺形になるため
の条件およびその性質．平行線の同側内角の性質．

● 解説 ───

　前問の補助線を参考にして、まず補助線をひきます．できた図において
わかる性質を探します．

①△ABCの外側にACを1辺とする正三角形ACFをつくると、∠AFC =
　∠ACF = 60°.

②△ABCと△FDCにおいて、AC = FC、BC = DC、∠ACB = 60° −
　∠DCA = ∠FCDより、△ABC ≡ △FDCだから、AB = FD、∠BAC =
　∠DFC.

③AMを2倍に延長した点をEとし、EとB、Cそれぞれを結べば、AD =
　AE、四角形ABECは平行四辺形だから、AC = BE.

④△ABEと△DFAにお
　いて、AE = DA、EB =
　AF、BA = FDより、
　△ABE ≡ △DFAだから、
　∠ABE = ∠DFA.

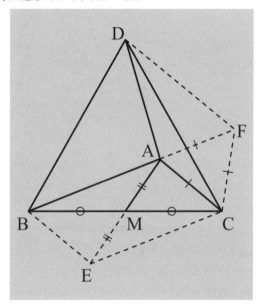

⑤∠BAC = 180° − ∠ABE、
　∠DFC = 60° + ∠DFA
　= 60° + ∠ABE、∠BAC
　= ∠DFCより、180° −
　∠ABE = 60° + ∠ABE.

⑥2∠ABE = 120°より、
　∠ABE = 60°だから、
　∠BAC = 120°といえ
　ます．

● 補助線 ───

　3通りの補助線が利用されています．正三角形をつくる、平行四辺形をつく
る、そして合同な三角形をつくるための補助線です．前問ではBAを延長する
ことで∠BACの外角として60°の角が利用できましたが、今回はそれが利用で
きません．逆にACを1辺とする正三角形をつくることを先にして、∠BAC =
120°を示すことが必要となります．

次の問題43を補助線を利用し証明してみてください.

問題
43

> △ABCにおいて、BCの中点をMとする. △ABCの外側に
> ABを斜辺とし、∠D = 90°、∠BAD = α、∠ABD = βの
> △ADBをつくる. 同様にACを斜辺とし、∠E = 90°、
> ∠CAE = α、∠ACE = βの△AECをつくる. このとき、
> ∠DME = 2βである.

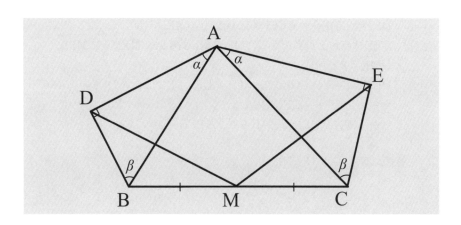

● **方針**

∠DMEとβが直接関係がないので、考えにくい問題です. 仮定から$\alpha + \beta$
$= 90°$より$2(\alpha + \beta) = 180°$です. ∠DME = 2βであるとすれば、∠DMEの外
角は2αとなるはずです. そこでDMを延長してME = MFとなる点Fをとり、
FとEを結べば底角がβである二等辺三角形ができるはずです. その三角形を
仮定や補助線を利用してどのようにつくるのかを考えます.

● **使用する主な性質**

三角形の合同条件およびその性質. 三角形の相似条件およびその性質. 直角
三角形の中線の性質. 二等辺三角形の性質. 三角形の外角とその内対角の和の
性質. 対頂角の性質.

● 解説

①DMを2倍に延長した点をFとし、FとCを結べば、△BDM≡△CFM だから、DB=FC、∠DBM=∠FCM.

②△ADB∽△AECより、AD:AE=DB:EC=CF:EC.　　　　　　　(1)

③∠ECF=360°−(∠MCF+∠ACB+β)=360°−(∠MBD+∠ACB+β)

＝360°−(∠ABM+∠ACB+2β)＝360°−(180°−∠BAC+2β)＝

∠BAC+180°−2β＝∠BAC+2(90°−β)＝∠BAC+2α＝∠EADより、

∠ECF=∠EAD.　　　　　　　　　　　　　　　　　　　　　　(2)

④DとE、EとFをそれぞれ結べば、(1)、(2)より、△ADE∽△CFE だから、∠AED=∠CEF、AE:CE=DE:FE.

⑤∠DEF=∠DEC+∠CEF=∠DEC+∠AED=90°.

⑥△DEFは直角三角形だから、ME=MFより、∠MEF=∠MFE、∠DME=2∠MFE.

⑦∠DEF=∠AEC=90°、AE:CE=DE:FEより、△DEF∽△AEC だから、∠EFD=∠ECA=β.

したがって∠DME=2∠MFE=2∠EFD=2β.

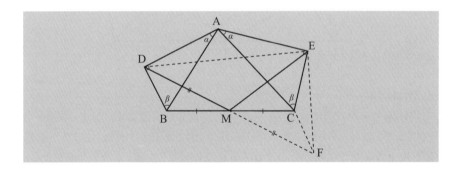

● 補助線

　△BDMとBCの中点Mに着目すれば、補助線MFとCFをひくのではないか と予想できます. △BDM≡△CFMだから、BD=CFであることがわかります. これによりAE:AD=EC:DBは、AE:AD=EC:CFに読み替えられること がわかり、補助線DE、EFが自然にひかれ、相似な三角形をつくることができ ます.

次の問題44を補助線を利用し証明してみてください.

問題 44

△ABCにおいて、ACの中点をMとする. CBの延長上に点DをAB = BDにとり、DMと∠Bの二等分線との交点をPとする. このとき、∠BAP = ∠Cである.

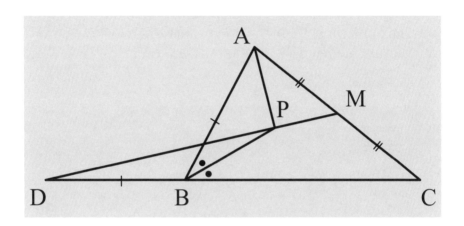

● **方針**

　∠BAP = ∠Cであるためには、∠BAPと∠Cが対応する角である相似な三角形が存在することを示せばよいといえます. ∠BAPを含む一方の三角形は△ABPと予想できます. △ABPと相似な三角形をつくるために図形のもつ性質を調べます. BA = BDから思いつく自然とひかれる補助線があります. さらに∠ACDとCAの中点Mに着目すると、「中点連結の定理」を表す図の一部が含まれていることがわかります. この図を復元するための補助線が必要ではないかと予想できます.

● **使用する主な性質**

　中点連結の定理. 二等辺三角形の性質. 三角形の外角とその内対角の和の性質. 平行線の同位角の性質. 平行線と線分の比の性質. 三角形の相似条件およびその性質.

解説

①AとDを結べば、△BADは二等辺三角形です.

$$\angle ADB = \frac{1}{2}\angle ABC = \angle PBC.$$

②∠ADC = ∠ADB = ∠PBCより、PB∥AD.

③DCの中点をNとし、NとMを結べば、MN∥AD.

④これとPB∥ADより、PB∥MNだから、∠PBC = ∠MNC.

⑤△ABPと△CNMにおいて、∠ABP = ∠PBC = ∠CNM、

　AB : BP = DB : BP = DN : NM = CN : NMより、

　△ABP∽△CNMだから、∠BAP = ∠Cといえます.

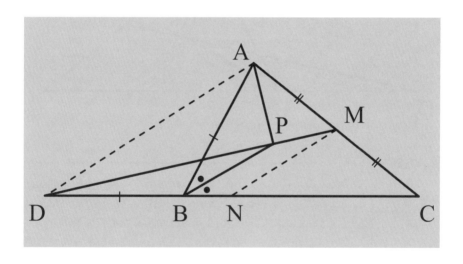

補助線

　BA = BDより、二等辺三角形の性質を利用しようと考え、AとDを結ぶ補助線が自然にひかれます. できた△ADCとACの中点Mに着目すると、中点連結の定理を利用するのではないかとの予想ができます. そこでBCの中点Nをとり、補助線NMをひくことにより、MN∥AD∥PBが得られ、∠ABPに対応する角である∠CNMが誕生します.

次の問題45を補助線を利用し証明してみてください.

問題
45

> $\triangle ABC$ において、$\angle B = 90° + \dfrac{1}{2}\angle C$ とする. C から AB の延長に対して垂線をひき、その交点を D とする. このとき、$AB = 2CD$ ならば、$\angle ACB = 45°$ である.

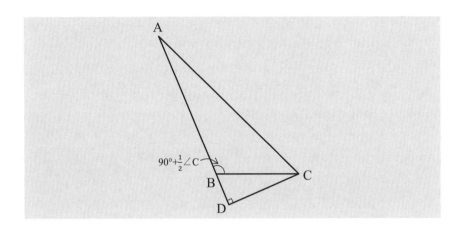

● **方針**

　$\angle ACB = \alpha$ とすれば、$\angle BCD = \dfrac{1}{2}\alpha$ だから、$\angle CAD$ を α を使って表せれば、$\angle ADC = 90°$ より $\angle C$ が求められます. そこで $\angle CAD$ を α を使って表すことを目指します. $AB = 2CD$ の条件はこのままだとどのように利用するのかわかりにくいので、A を通り BC に垂直な直線を軸に AB を対称移動してできる線分 AE をひき、$AE = 2CD$ の条件に置き換えたらどうかと考えてみます.

● **使用する主な性質**

　二等辺三角形の性質. 三角形の外角とその内対角の和の性質. 三角形の相似条件およびその性質. 直角三角形の合同条件およびその性質. 三角形の内角の和の性質. 三角形の合同条件およびその性質.

●━ **解説** ━━━━━━━━━━━━━━━━━━━━━━━━━━━━━━

　CBの延長上の点EをAB = AEにとり、△AEBをつくり、

∠ACB = α とします.

①∠EAB + ∠AEB = $90° + \dfrac{1}{2}\alpha$、∠AEB = $90° - \dfrac{1}{2}\alpha$、∠EAB = α.

②△CAE ∽ △ABE、△CAEも二等辺三角形といえるので、CA = CE.

③AEの中点をFとし、FとCを結べば、△ACF ≡ △ECFだから、

　　∠ECF = ∠ACF = $\dfrac{1}{2}\alpha$、∠AFC = $90°$.

④△ACF ≡ △CADだから、∠CAD = ∠ACF = $\dfrac{1}{2}\alpha$.

⑤△CADにおいて、∠CAD + ∠ACD = $\dfrac{1}{2}\alpha + \alpha + \dfrac{1}{2}\alpha = 90°$、

　　$2\alpha = 90°$ より、∠C = $\alpha = 45°$.

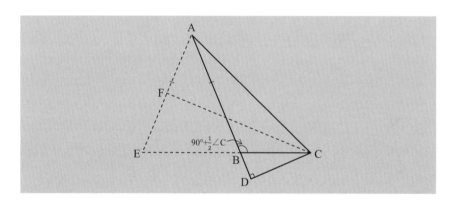

●━ **補助線** ━━━━━━━━━━━━━━━━━━━━━━━━━━━━━━

　△AECの内部に二等辺三角形AEBがはめ込まれた図形は、他の問題にもみられることがあります. 長さだけの問題であれば、ABの代わりにAEを考えてもよいし、AEの代わりにABを考えてもよいといえます. この問題では二等辺三角形AEBをつくり、ABをAEに置き換えて利用しています. これにより、CDと等しい長さの辺AFをつくることができます. これより補助線CFは自然にひかれ△ACDと関係づけることができます.

次の問題46を補助線を利用し証明してみてください.

△ABCにおいて、∠A＞90°する．ABの延長上に点Dを
AC＝BDにとり，またACの延長上に点EをAB＝CEにとる．
△ABCの外接円の中心をOとする．このとき、D、O、E
が一直線上にあるならば、∠A＝120°である．

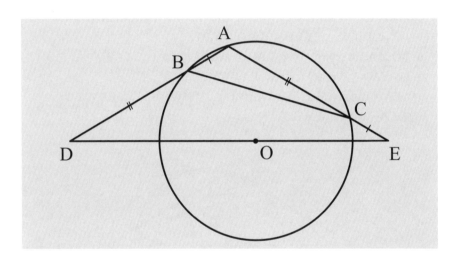

●━ **方針** ━━━━━━━━━━━━━━━━━━━━━━━━━━━━━━━━

　△ADEは二等辺三角形だから、∠A＝120°とすれば、∠Aの二等分線上の
点MをAM＝AEにとり、MとD、Eをそれぞれ結ぶと、△ADMと△AEMは
ともに正三角形になるはずです．MとB、Cをそれぞれ結べば、AB＝EC、
AM＝EM、∠BAM＝∠CEM＝60°より、△ABM≡△ECMとなり、∠ABM
＝∠ECMのはずです．そこで、点Mのとり方を考えます．

●━ **使用する主な性質** ━━━━━━━━━━━━━━━━━━━━━━━━━━━

　三角形の合同条件およびその性質．たこ形の対角線の性質．円の弧と弦の性
質．円に内接する四角形の性質．直角三角形の合同条件およびその性質．正三
角形の性質．

● 解説

①∠Aの二等分線と円Oの交点をMとし、MとB、Cをそれぞれ結ぶと、
　∠BAM＝∠CAMより、弧CM＝弧BMだから、CM＝BM.

②四角形ABMCは円に内接するので、∠ACM＝∠DBM、∠ABM＝
　∠ECM.

③MとEを結べば、△ABM≡△ECMだから、AM＝EM. 　　　　　(1)

④MとDを結べば、△ACM≡△DBMだから、AM＝DM. 　　　　　(2)

⑤ (1)、(2)より、DM＝AM＝EM.

⑥△DAEと△DMEはともに二等辺三角形だから、AMとDEの交点を
　O′とすれば、∠AO′O＝∠MO′O＝90°.

⑦OとA、Mを結べば、△OAO′≡△OMO′だから、∠AOO′＝∠MOO′.

⑧△EAO≡△EMOだから、EA＝EM.

⑨EA＝EM＝AMより、△AEMは正三角形だから、∠EAM＝60°.

⑩∠A＝2∠EAM＝120°.

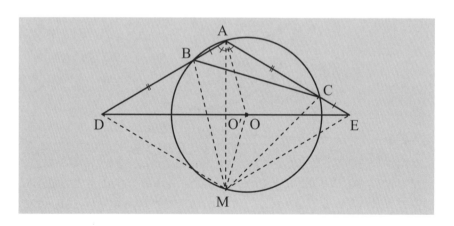

● 補助線

　∠Aの二等分線と円Oとの交点をMとします. 弧BM＝弧CMより、BM＝
CMが利用できます. これとAB＝EC、AC＝DBより、2組の合同な三角形
をつくることができます. 半径OA、OMは円に応じたきまった補助線であり、
自然にひかれます. この補助線は△AEMが正三角形であることを示すために
必要な補助線になっています.

次の問題47を補助線を利用し証明してみてください.

問題 47

△ABCにおいて、AB = AC、∠A = 90°とする. BC上に点D、AD上に点Eをそれぞれとり、BD : DC = 2 : 1、AE : ED = 3 : 2とするならば、∠BEC = 135°である.

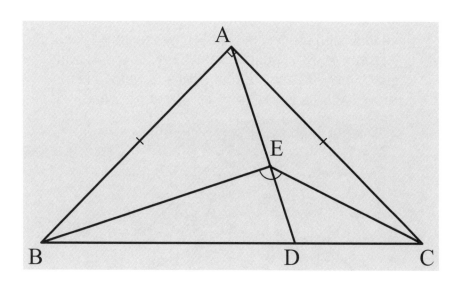

● **方針**

　∠BEC = 135°とするならば、∠EBC +∠ECB = 45°であり、これと∠ECB +∠ECA = 45°より、∠EBC =∠ECAであるはずです. 辺の比が与えられていることからみると、メネラウスの定理やチェバの定理を利用するのではないかと予想されます.

● **使用する主な性質**

　メネラウスの定理. チェバの定理. 平行線と線分の比の性質. 二等辺三角形になるための条件. 平行線になるための条件. 三角形の相似条件およびその性質. 三角形の内角の和の性質.

BEの延長とACとの交点をF、CEの延長とABとの交点をGとします.

① $\dfrac{AF}{FC} \cdot \dfrac{CB}{BD} \cdot \dfrac{DE}{EA} = \dfrac{AF}{FC} \cdot \dfrac{3}{2} \cdot \dfrac{2}{3} = 1$ だから、AF = FC.

② $\dfrac{AG}{GB} \cdot \dfrac{BD}{DC} \cdot \dfrac{CF}{FA} = \dfrac{AG}{GB} \cdot \dfrac{2}{1} \cdot \dfrac{1}{1} = 1$ だから、AG : BG = 1 : 2.

③AとFからそれぞれBCに対して垂線をひき、BCとの交点をそれぞれM、

Nとすれば、AM = BM = MC、MN = NC = $\dfrac{1}{2}$MC = $\dfrac{1}{2}$BM.

④△CAGと△BNFにおいて、AG : AC = 1 : 3、FN : BN = 1 : 3、∠CAG
= ∠BNF = 90°より、△CAG∽△BNFだから、∠ACG = ∠NBF.

⑤∠BEC = 180° − (∠EBC + ∠ECB) = 180° − (∠NBF + ∠ECB) =
180° − (∠ACG + ∠ECB) = 180° − 45° = 135°より、∠BEC = 135°.

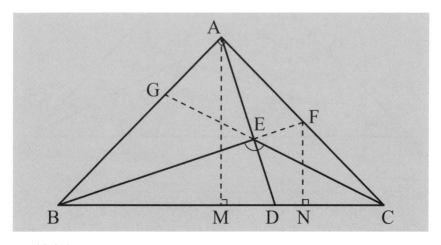

BE、CEをそれぞれ延長しAC、ABとの交点をつくれば、メネラウスの定理
やチェバの定理が利用できるようになり、三角形の辺の比や線分の比の条件と
結びつきます. FNは∠A = 90°に対応する角をつくるためにひかれています.
これにより△ACGと△NBFが相似な三角形であると予想できることになりま
す. AMは二等辺三角形に応じてきまった補助線としてよく利用されます.

次の問題48を補助線を利用し証明してみてください.

問題
48

△ABCにおいて、BCの中点をMとする. AB、ACをそれぞれ1辺とする正三角形を△ABCの外側につくり、それぞれ△DAB、△EACとする. このとき、DM＝EMならば、AB＝ACである.

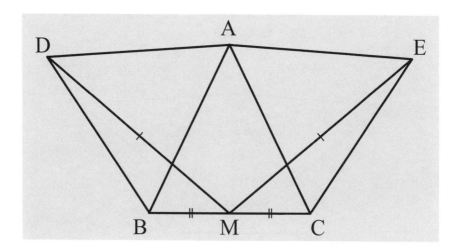

● **方針**

　ABとDMが交わっており、このままでは動きがとれません. そこでDMを移動してABとのつながりをつくることを考えます. △BDMをBを中心として右まわりに60°回転移動したときのMの移動先をPとします. DはAに移動でき、このときDMはAPと等しくなります. これによりDMとABとのつながりができます. △CEMについても左まわりに60°回転移動します. AB＝ACとすれば、AとMを結ぶと、△AMB≡△AMCだから、∠AMB＝∠AMCのはずです.

● **使用する主な性質**

　三角形の合同条件およびその性質. 正三角形の性質.

解説

BM、CMをそれぞれ1辺とする正三角形を△ABCの外側につくり、△BPM、△CQMとします。

①AとPを結ぶと、△ABP≡△DBMだから、AP = DM.

②AとQを結ぶと、△AQC≡△EMCだから、AQ = EM.

③MとAを結べば、AP = AQ、PM = QM、AMは共通だから、△AMP≡△AMQといえ、∠AMP = ∠AMQ.

④△AMBと△AMCにおいて、BM = CM、∠AMB = ∠AMP − 60° = ∠AMQ − 60° = ∠AMC、AMは共通だから、△AMB≡△AMCといえます。したがってAB = ACといえます。

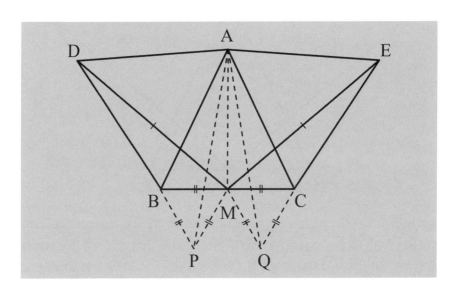

補助線

AMは結論を得るためにひかれる自然な補助線です。∠AMB = ∠AMCであることがわかれば、結論が得られるからです。△BDMと△CEMをB、Cそれぞれを中心として60°回転移動し、MとP、Qを結んでできる三角形が△BPMと△CQMです。そこで解説ではあらかじめそれらの三角形を追加した図形をつくっています。DM、EMをAP、AQにそれぞれ移動すれば、AMとのつながりができ、合同となりそうな三角形が見えてきます。

次の問題49は問題42の拡張です．それを参考にして考えてみてください．

問題 49

△ABCにおいて、AB＝ACとし、BCの中点をMとする．
△ABCの内部の点をPとし、AP：PM＝AC：CMとする
ならば、∠BPM＋∠APC＝180°である．

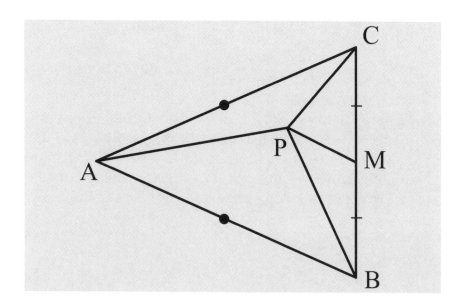

● **方針**

　△ABCが正三角形の場合には、PCを1辺とする正三角形を追加しました．
この問題では△ABCが二等辺三角形なので、PCを底辺とする△ABCと相似
な二等辺三角形をPCに関して頂点がMと反対側になるようにつくってみます．

● **使用する主な性質**

　二等辺三角形の性質．三角形の相似条件およびその性質．平行四辺形になる
ための条件およびその性質．平行線の同側内角の性質．

解説

① △ABCと相似な三角形である△EPCを追加すると、$\dfrac{AC}{BC} = \dfrac{EC}{PC}$.

② △ACE∽△BCPだから、$\dfrac{AE}{PE} = \dfrac{AE}{EC} = \dfrac{BP}{CP}$.

③ PMを2倍に延長した点をDとすれば、四角形BDCPは平行四辺形です.

$$\dfrac{BP}{CP} = \dfrac{DC}{CP} \text{ より、} \quad \dfrac{AE}{PE} = \dfrac{DC}{CP}, \quad \dfrac{AE}{CD} = \dfrac{PE}{CP}. \tag{1}$$

④ $\dfrac{AC}{CM} = \dfrac{AP}{MP}$ より、$\dfrac{PE}{CP} = \dfrac{AC}{2CM} = \dfrac{AP}{2PM} = \dfrac{AP}{PD}$ だから、$\dfrac{PE}{PC} = \dfrac{AP}{PD}$. (2)

⑤ (1)、(2)より、$\dfrac{AE}{DC} = \dfrac{PE}{PC} = \dfrac{AP}{DP}$ だから、△AEP∽△DCPといえるので、∠APE = ∠DPC.

⑥ ∠AEP = ∠PCD = x とすると、∠AEC = ∠AEP + ∠CEP = x + ∠BAC.

⑦ ∠BPC = ∠AEC = x + ∠BAC. ∠BPC = $180° - x$, x + ∠BAC = $180°$ $- x$ より、$2x = 180° - ∠BAC = 2∠C$ だから、$x = ∠C$.

⑧ ∠BPM + ∠APC = ∠BPM + ∠APE + ∠EPC = ∠BPM + ∠DPC + ∠EPC = ∠BPC + ∠PCD = $180°$ より、∠BPM + ∠APC = $180°$.

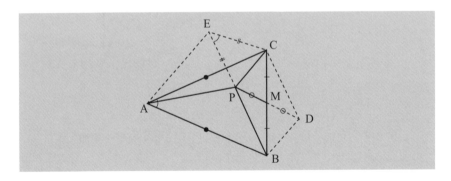

補助線

前問42を拡張した問題なので、それを参考にすると△ABCと相似な二等辺三角形を追加することが考えられます. 他の補助線も同様なのでそれをまねています.

次の問題50を補助線を利用し証明してみてください.

△ABCにおいて、AB = AC、∠A = 90°とする. またBC
上の点をDとし、AD上の点をEとする. BD : DC = 2 : 1、
BE⊥ADならば、∠CED = 45°である.

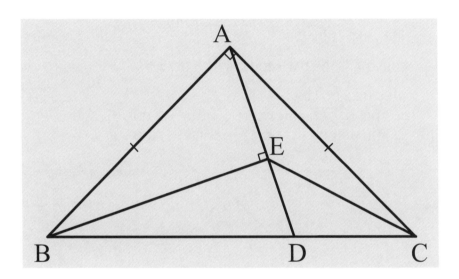

● **方針**

∠CED = 45°とすれば、∠C = ∠CED、∠ADC = ∠CDEより、△ADC ∽
△CDEのはずです. この2つの三角形が相似であることを示せばよいのです
が、∠C = ∠CEDの条件は使えません. そこでこれに代わる条件を探す必要
があります. ∠CAD = ∠ECDかどうかはわからないので、共通の角をはさむ
2辺の比がそれぞれ等しいことを示せばよいのではないかと予想できます.
BD : DC = 2 : 1を利用して線分どうしの関係を調べます.

● **使用する主な性質**

二等辺三角形の性質. 三角形の合同条件およびその性質. 三角形の相似条件
およびその性質. 三角形の内角の和の性質.

●— 解説

　Aから BC に垂線をひき、BC との交点を M とします.

①△AMB ≡ △AMC より、BM = CM.

②BD : DC = 2 : 1 より、BD = 2DC.

③BD − DM = BM = CM = DC + DM.

④2DC − DM = DC + DM だから、DC = 2DM.

⑤△ADM と△BDE において、∠AMD = ∠BED = 90°、

　　∠ADM = ∠BDE だから、△ADM ∽ △BDE といえるので、

　　DE : DM = DB : DA.

⑥DE・DA = DB・DM = 2DC・$\dfrac{1}{2}$DC = DC² より、

　　DE : DC = DC : DA. (1)

⑦△ADC と△CDE において、(1)、∠ADC = ∠CDE だから、

　　△ADC ∽ △CDE といえるので、∠CED = ∠ACD = 45°.

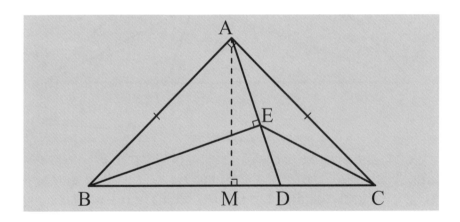

●— 補助線

　△ADC ∽ △CDE を示すには、共通の角をはさむ 2 辺の比がそれぞれ等しいこと、すなわち DE : DC = DC : DA であることを示すことが必要です. 直角二等辺三角形 ABC に応じたきまった補助線である線分 AM をひくことは自然な考えです. この補助線により相似な直角三角形が出現し、また BM = CM がいえ、BD : DC = 2 : 1 を利用して、DE : DC = DC : DA を導き出しています.

次の問題51を補助線を利用し証明してみてください.

問題 51

△ABCにおいて、BCの中点をMとする. ∠C = 90° + ∠BAM、∠B = ∠MACならば、∠B = 30°である.

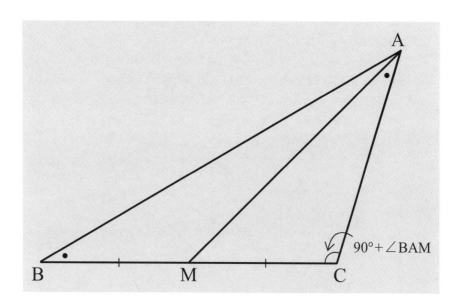

●─ **方針** ─────────────────────

　図形のもつ性質を探します. ∠BAM = α、∠CAM = βとし、△ABCの内角を求めます. ∠A + ∠B + ∠C = $2\alpha + 2\beta + 90° = 180°$より、$\alpha + \beta = ∠A = 45°$. △ABMにおいて、∠AMC = $\alpha + \beta = 45°$. これをいとぐちとして考えます.

●─ **使用する主な性質** ─────────────────────

　三角形の内角の和の性質. 直角三角形の中線の性質. 三角形の相似条件およびその性質. 正三角形の性質. 三平方の定理. 三角形の外角とその内対角の和の性質.

解説

∠BAM = α、∠CAM = β とします.

①∠A + ∠B + ∠C = 2α + 2β + 90° = 180° より、α + β = ∠A = 45°.

②CからABに垂線をひきその交点をNとすれば、∠A = 45°より、

∠ACN = 45°だから、AC = $\sqrt{2}$ CN.

③△ACMと△BCAにおいて、∠AMC = ∠BAC = 45°、∠Cは共通だから、

△ACM ∽ △BCAといえるので、CM : CA = AC : BC.

④AC² = BC・CM = 2CM²、AC > 0、CM > 0だから、AC = $\sqrt{2}$ CM.

⑤これとAC = $\sqrt{2}$ CNより、CM = CN.

⑥MとNを結ぶと、△NBCは直角三角形だから、MN = CM.

⑦MN = CM = CNだから、△CNMは正三角形といえます.

⑧△NBCにおいて、∠MCN = 60°、∠BNC = 90°だから、∠B = 30°.

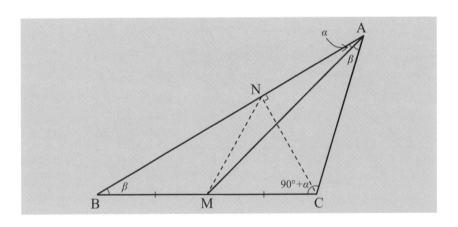

補助線

補助線CNをひくことにより、BCが直角三角形の斜辺で、Mがその中点であるとみることができるようになります. また△ANCが直角二等辺三角形であることもわかります. ∠B = 30°とすれば、∠NCM = 60°だから、△NMCは正三角形といえ、MC = NCのはずです. これがMC = NCを示すことを目指すことの示唆になります. 補助線CNが追加されることにより、この図形が直角三角形と直角二等辺三角形の2つの図形からできていることがわかります. CNが省かれているので、それを見いだす問題ともみられます.

次の問題 52 は補助円を利用することによって証明できますが、ここでは補助線を利用し証明してみてください。

問題
52

△ABC の内部の点を O とする。OB = OC、∠BOC = 2∠BAC ならば、OA = OB = OC である。

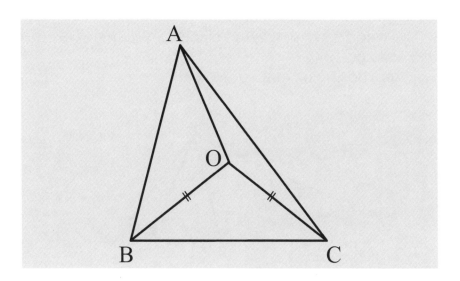

●── **方針** ─────────────────────────────

　図形の中に △OAC と相似か合同な三角形があれば、結論が得られますが、そのような三角形はこのままでは見あたりません。∠BOC = 2∠BAC の条件があるので、2∠BAC と大きさの等しい角をつくります。これにより △OBC が二等辺三角形なので、△OBC と相似な三角形をつくることができます。OA = OB = OC であるとすれば、△OCA は二等辺三角形であるはずです。△OCA と相似な二等辺三角形をつくることを目指します。

●── **使用する主な性質** ─────────────────────

　三角形の相似条件およびその性質。二等辺三角形の性質。三角形の合同条件およびその性質。

● **解説**

　ABを軸にして点Cと対称な点C′をとり、C′とA、Bをそれぞれ結びます.

①CとC′を結べば、△AC′C ∽ △OBCといえ、△C′BCはBC = BC′の
　二等辺三角形といえます.

②△AC′C ∽ △OBCだから、AC : OC = C′C : BC.　　　　　　　　　(1)

③∠ACO = ∠ACC′ − ∠OCC′、∠C′CB = ∠OCB − ∠OCC′.
　これと∠ACC′ = ∠OCBより、∠ACO = ∠C′CB.　　　　　　　　　(2)

④ (1)、(2)より、△AOC ∽ △C′BC.

⑤△C′BCは二等辺三角形だから、△AOCも二等辺三角形ということが
　でき、OC = OA.

⑥OB = OCより、OA = OB = OCといえます.

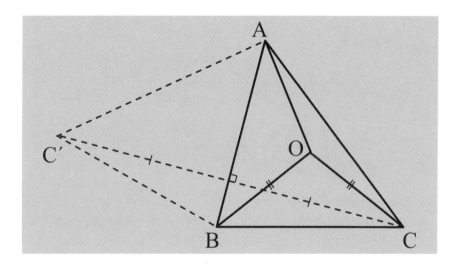

● **補助線**

　△OCAと相似な二等辺三角形を図のなかに直接つくることが難しいので、
∠BOC = 2∠BACとOB = OCを利用して、まず△OBCと相似な三角形をつ
くることを考えます. そのためにABを軸とし点Cと対称な点をとっています.
これにより、2∠BACと大きさの等しい角がつくれ、△OBCと相似な△AC′C
をつくることができます. 同時に△OCAと相似な二等辺三角形を見いだすこ
とができます.

次の問題53を補助線を利用し証明してみてください.

△ABCにおいて、AB = ACとし、BC上の点をP、Qとする. 頂点Aを通る円とAB、ACとの交点をD、Eとする. $\angle PAQ = \dfrac{1}{2}\angle BAC$、BP : PQ : QC = AE : ED : DAならば、 $\angle A = 90°$である.

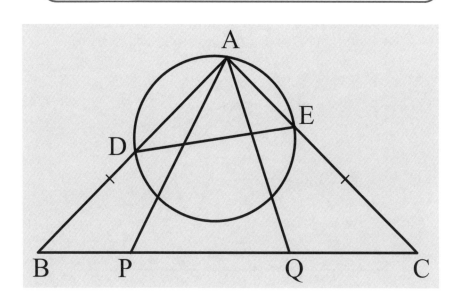

● **方針**

BP : PQ : QC = AE : ED : DAの意味は、BP、PQ、QCを3辺とする△AED と相似な三角形をつくることができるととらえることができます. そこでBP、 PQ、QCを3辺とする三角形をつくるにはどうするかを考えます.

● **使用する主な性質**

三角形の合同条件およびその性質. 三角形の相似条件およびその性質. 三角形の内角の和の性質.

● 解説

①△ABPをAPを軸に対称移動します．Bの移動先をTとすれば、△ABP
≡△ATPだから、∠BAP = ∠TAP、PT = PB、∠ATP = ∠ABP.

②∠PAQ = $\frac{1}{2}$∠BAC、∠BAP = ∠TAPより、∠QAT = ∠QAC.

③△AQTと△AQCにおいて、AT = AB = AC、∠QAT = ∠QAC、AQは
共通だから、△AQT ≡ △AQCといえるので、QC = QT.

④AE : ED : DA = BP : PQ : QC = TP : PQ : QTより、△AED ∽ △TPQ
だから、∠DAE = ∠QTP.

⑤∠A = ∠DAE = ∠QTP = ∠ATP + ∠ATQ = ∠B + ∠C.

⑥∠A + ∠B + ∠C = 180°より、2∠A = 180°だから、∠A = 90°.

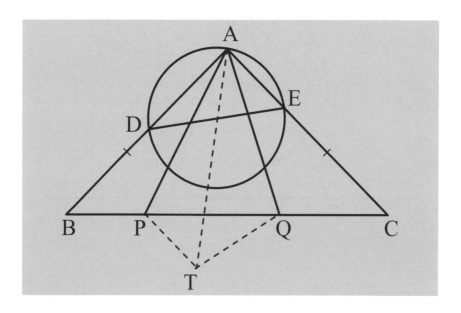

● 補助線

　BP、PQ、QCが直線上の線分なので、これを折り曲げて三角形をつくれば
△AEDと相似な三角形をつくることができます．△ABPをAPを軸として対
称移動すれば、BPはTPに折り曲げることができます．それに伴ってCQも
TQに折り曲げることができ、△AEDと相似な三角形が誕生します．

次の問題54を補助線を利用し証明してみてください.

問題 54

△ABCにおいて、∠BAC＞90°とする. BC上に点D、E をとり、BD＝CE、∠DAE＋∠BAC＝180°とする. また △ABC、△ADEの外心をそれぞれO、O′とする. BCの中 点をMとする. このとき、AMは∠OAO′を2等分する.

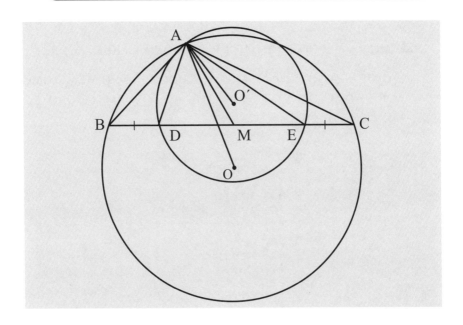

● **方針**

O′、M、Oは一直線上にあるから、AO′：AO＝O′M：MOを示せばAMは ∠OAO′を2等分するといえます. AO′は円O′の半径であり、AOは円Oの半 径であることに着目します. AO′：AOの比の移動を考えます.

● **使用する主な性質**

三角形の合同条件およびその性質. 円周角と中心角の性質. 相似な三角形に なるための条件およびその性質. 三角形の内角の二等分線になるための条件.

解説

① MはBCの中点だから、OとMを結ぶと、∠OMB = ∠OMC = 90°.

② BM = CM、BD = CEより、MD = ME. O′とMを結ぶと、∠O′MD = ∠O′ME = 90°で、O′、M、Oは同一直線上にあります.

③ O′とE、OとCをそれぞれ結ぶと、AO′：AOの比はO′E：OCの比に移動できます.

④ OとB、O′とDをそれぞれ結びます.

$$\angle MOC = \frac{1}{2}\angle BOC = \frac{1}{2}(360° - 優角\angle BOC) = 180° - \angle BAC = \angle DAE.$$

⑤ $\angle MO'E = \frac{1}{2}\angle DO'E = \angle DAE$ より、∠MOC = ∠MO′E.

⑥ ∠O′ME = ∠OMC = 90°、∠MO′E = ∠MOCより、△O′ME ∽ △OMCだから、O′M：OM = O′E：OC = AO′：AOより、AMは∠OAO′を2等分するといえます.

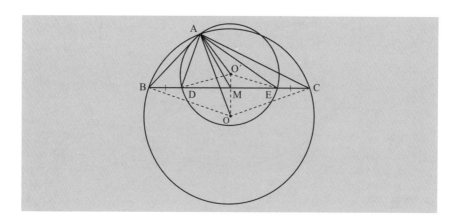

補助線

結論を示すためには、O′、M、Oが一直線上にあることが必要です. そのために補助線O′MとMOをひく必要があります. また円の中心と円周上の2点を結ぶ補助線はよく利用される補助線です. 2円の半径はAO′とAOにつなげる役割を担い、AO′はO′Eに、AOはOCにそれぞれ移動することができます. それによって相似な直角三角形ができることが予想できます.

次の問題55を補助線を利用し証明してみてください.

問題 55

△ABCにおいて、AB＜ACとする. BAの延長上の点Pを
BP＝ACにとり、AC上の点QをCQ＝ABにとる. △ABC
の外接円の中心をOとし、P、Q、Oが一直線上にあるとす
れば、∠BAC＝60°である.

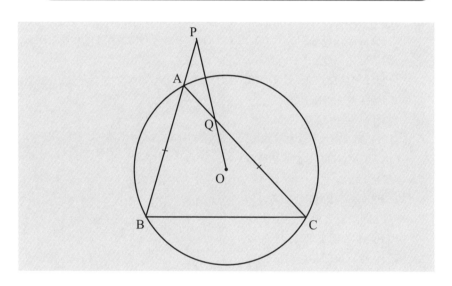

● 方針

　∠BAC＝60°とすると、弧BCに対する円周角はすべて60°なので、∠BAC
を特別な位置に移しても、その角は60°といえるはずです. そこで弧BACの中
点をMとし、MとB、Cをそれぞれ結べば、△MBCは正三角形になるはずです.
AとMを結べば、∠BCM＝60°だから、∠PAM＝60°のはずです.

● 使用する主な性質

　弧と円周角の性質. 円周角の定理. 三角形の合同条件およびその性質. 二等
辺三角形の性質. 正三角形の性質. 円に内接する四角形の性質. 弧と弦の性質.
三角形の内角の和の性質.

解説

①弧BACの中点をMとし、MとB、Cをそれぞれ結べば、∠ABM = ∠ACM.

②MとQを結びます. △ABMと△QCMにおいて、AB = QC、BM = CM、∠ABM = ∠ACM = ∠QCMより、△ABM ≡ △QCMだから、AM = QM.

③PとMを結びます. △PBMと△ACMにおいて、PB = AC、BM = CM、∠ABM = ∠PBM = ∠ACMより、△PBM ≡ △ACMだから、PM = AM.

④△PAMと△QAMにおいて、PA = QA、PM = QM、AMは共通だから、△PAM ≡ △QAMといえるので、∠PMA = ∠QMA.

⑤POとAMの交点をTとすれば、△PMT ≡ △QMTだから、∠PTM = ∠QTM.

⑥OとA、Mをそれぞれ結びます. OA = OM、OT⊥AMだから、AT = TM.

⑦△PAT ≡ △PMTだから、PA = PM. これとPM = AMより、△PAMは正三角形だから、∠PAM = 60°. したがって∠MCB = ∠PAM = 60°.

⑧MB = MCより、∠MBC = 60°だから、∠BAC = ∠BMC = 60°.

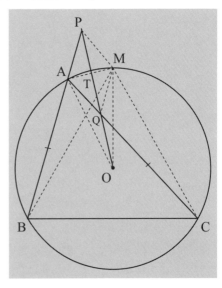

補助線

∠BACを特別な位置に移動して考えると見通しが立ちます. その位置が弧BACの中点で、これから考えるための重要な役割を担います. ∠PAM = 60°を示すためには、△PAMが正三角形になることを示せばよいのではないかとの予想ができます. それを示すために、MとA、B、C、Qをそれぞれ結ぶ補助線と、OとA、Mをそれぞれ結ぶ補助線が必要になります.

問題56には次の性質が使われます．それを既知としたうえでの問題です．

● 性質

　△ABCの内部の点をPとし、△PBC
をつくる．△ABCの外側にACを1辺
とする△PBCと相似な三角形をつくり、
それを△EACとするならば、△ABC∽
△EPCである．

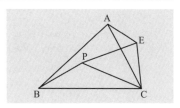

問題 56

　△ABCの外側に各辺を1辺とする相似な三角形を△BCD
∽△CAE∽△ABFの順につくる．BCとEFそれぞれの中
点をM、Nとすれば、$MN = \dfrac{1}{2}AD$、MN∥ADである．

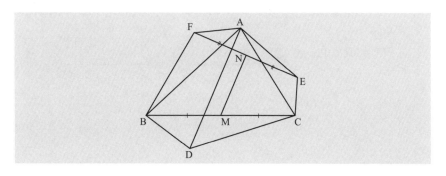

● 方針

　結論からは中点連結の定理を利用するようにみえます．DMを2倍に延長し
た点をPとし、PAの中点がNであることを示します．

● 使用する主な性質

　平行四辺形になるための条件およびその性質．相似な三角形の性質．三角形
の外角とその内対角の和の性質．平行線になるための条件．中点連結の定理．
三角形の合同条件．

● 解説

DMを2倍に延長した点PとB、Cをそれぞれ結ぶと、四角形BDCPは平行四辺形だから、PC = BD.

① △BCD ≡ △CBPより、△CBP ∽ △CAEだから、△ABC ∽ △EPC.

② FA、CEそれぞれの延長の交点をQとします. ∠FAC = ∠AQC + ∠ACQ = ∠AQC + ∠FAB、∠FAC = ∠BAC + ∠FABより、∠AQC = ∠BAC.

③ ∠BAC = ∠PECより、∠AQC = ∠PECだから、AQ ∥ PE、AF ∥ EP.

④ △ABF ∽ △CBPだから、AB : BC = AF : PC.   (1)

⑤ △ABC ∽ △EPCだから、AB : BC = EP : PC.   (2)

⑥ (1)、(2)より、
AF : PC = EP : PC
だから、AF = EP.

⑦ 四角形AFPEは平行四辺形だから、APはNを通り、AN = NP.

⑧ PM = MD、PN = NAより、MN ∥ AD、MN = $\dfrac{1}{2}$ AD
といえます.

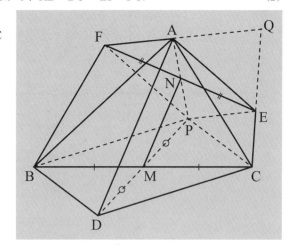

● 補助線

DMを2倍に延長する補助線は平行四辺形をつくるために必要とされる補助線であり、△BCDと合同な三角形を△ABCの内部につくるために必要になります. 補助線APがNを通り、APとFEが平行四辺形の対角線であることがわかれば、結論が得られると予想できます. そのためにPとFを結び四角形AFPEをつくっています. ∠FAC = ∠FAB + ∠BAC = ∠ECA + ∠PECより、∠FACを外角とし、ACを1辺としCEを辺の一部として含む三角形をつくれば、∠BAC、∠PECと等しい大きさの角をつくることができます. そのためにFAとCEそれぞれの延長の交点Qをつくるという発想が生まれます.

次の問題57を補助線を利用し証明してみてください.

問題 **57**

△ABCの外側に各辺を1辺とする相似な三角形を△BCD ∽ △CAE ∽ △ABFの順につくる. ADがBCを2等分する ならば、ADはEFを2等分する.

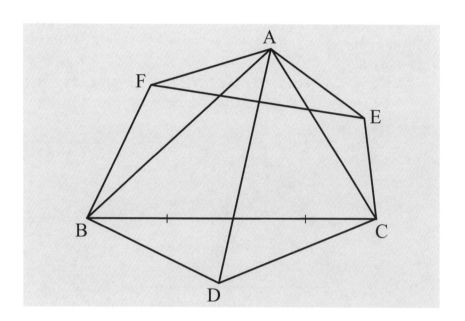

● **方針**

補助線は問題56と同じようにひきます. この問題の場合にもp.111の相似に 関する性質を使います.

● **使用する主な性質**

平行四辺形になるための条件およびその性質. 相似な三角形の性質. 三角形 の外角とその対角の和の性質. 平行線になるための条件. 三角形の合同条件.

解説

①ADとBCの交点をMとする. DA上に点PをDM = MPにとり、PとB、Cをそれぞれ結べば、△BCD ≡ △CBP.

②△CBP ∽ △CAEより、△ABC ∽ △EPCだから、∠BAC = ∠PEC.

③FAの延長とCEの延長との交点をQとすれば、∠FAB + ∠BAC = ∠FAC = ∠Q + ∠ACQ、∠FAB = ∠ACQより、∠BAC = ∠Q.

④これと∠BAC = ∠PECより、∠Q = ∠PECだから、AF∥EP. (1)

⑤△ABC ∽ △EPCより、$\dfrac{AB}{BC} = \dfrac{EP}{PC}$. △ABF ∽ △CBPより、$\dfrac{AB}{CB} = \dfrac{AF}{CP}$.

⑥$\dfrac{EP}{PC} = \dfrac{AF}{PC}$だから、AF = EP.

⑦これと(1)より、四角形AFPEは平行四辺形だから、APはEFを2等分するといえます. したがってADはEFを2等分するといえます.

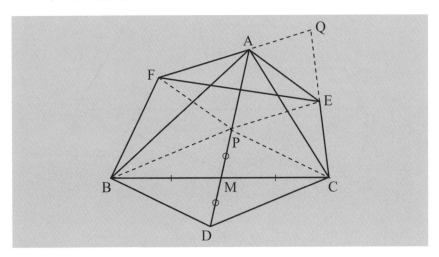

補助線

△BCDを△ABCの内部に移動するために、そして平行四辺形の性質を利用するために、DMの延長上に点Pをとり、PとB、Cをそれぞれ結ぶ補助線が自然にひかれます. 点Pが指定されることにより、FEを対角線にもつ四角形がきまります. この四角形が平行四辺形であることを示すために、補助線AQ、EQが必要になります.

次の問題 58 を補助線を利用し証明してみてください.

問題 58

> △ABC において、∠A = 120° とし、AC の中点を M とする.
> ∠A の二等分線と BM の交点を P とする. ∠PAC の二等分
> 線と BC との交点を Q とする. このとき、PQ ∥ AC である.

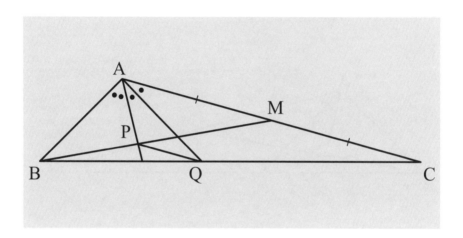

━ 方針 ━━━━━━━━━━━━━━━━━━━━━━━━━━━━━━━━━━━

PQ ∥ AC、すなわち PQ ∥ MC を示すことは、BP : PM = BQ : QC を示す
ことに置き換えることができます. BP : PM の比は、∠BAP = ∠MAP = 60°
より、AB : AM の比に移動できます. AB : AM の比を BQ : QC の比まで移動
できないかと考えます.

━ 使用する主な性質 ━━━━━━━━━━━━━━━━━━━━━━━━━━━

直角三角形の中線の性質. 二等辺三角形の性質. 三角形の内角の和の性質.
平行線になるための線分の比の条件. 三角形の内角の二等分線と線分の比の性
質. 平行線と線分の比の性質. 三角形の外角とその内対角の和の性質. 平行線
の錯角の性質. 正三角形になるための条件.

● 解説

①△ABMにおいて、∠BAP = ∠MAPより、BP : PM = AB : AM.　　(1)

②CからABに平行にひいた直線とAQの延長との交点をEとすれば、∠BAQ = 90°より、∠AEC = 90°だから、△AECは直角三角形といえます．EとMを結べば、AM = MC = EM.

③∠EMC = 60°より、△MECは正三角形だから、AM = CE.

④これと(1)より、AB : AM = AB : CEだから、BP : PM = AB : CE.

⑤AB : CE = BQ : QCより、BP : PM = BQ : QCだから、PQ∥MC.　したがってPQ∥ACといえます．

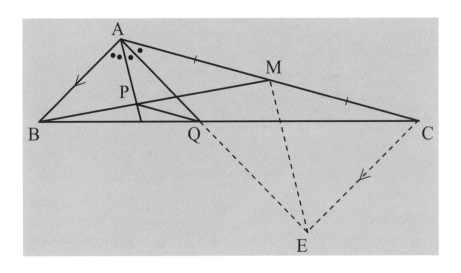

● 補助線

PQ∥ACとすれば、AB : AM = BQ : CQのはずです．AMをAMと等しい長さの線分に移動し、CQとつなげることができれば、線分の比と平行線の性質が利用できるはずです．そこでCを通りABに平行な直線をひき、AQの延長との交点Eをつくり、その性質を表す図を復元しています．∠AEC = 90°だから、直角三角形に応じたきまった補助線EMがひかれます．これにより、AMはCEに移動でき、AB : AM = AB : CEが得られます．

　次の問題59を補助線を利用し証明してみてください．これまでは三角形を基本とする問題を扱ってきましたが、これからは四角形や円を基本とする問題を扱います．

四角形ABCDにおいて、∠A = ∠C = 90°、AB = CDならば、四角形ABCDは長方形である．

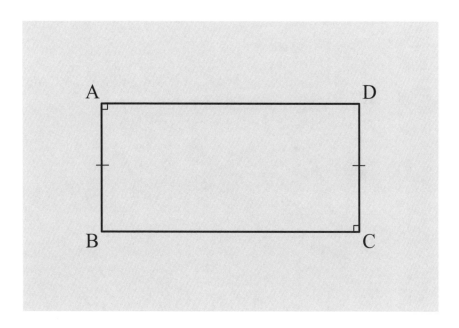

● **方針**

　平行四辺形の内角の1つが90°ならば、その四角形は長方形といえるので、四角形ABCDが平行四辺形であることを示せばよいといえます．

● **使用する主な性質**

　直角三角形の合同条件およびその性質．平行四辺形になるための条件．平行四辺形が長方形になるための条件．

● **解説** ─────────────────────────────────

　対角線BDをひくことにより、2つの直角三角形にわけることができます.

①△ABDと△CDBにおいて、∠A = ∠C = 90°、AB = CD、BDは共通

　だから、△ABD ≡ △CDBといえるので、AD = CB.

②AB = CD、AD = CBより、四角形ABCDは平行四辺形であり、

　∠A = 90°だから、四角形ABCDは長方形といえます.

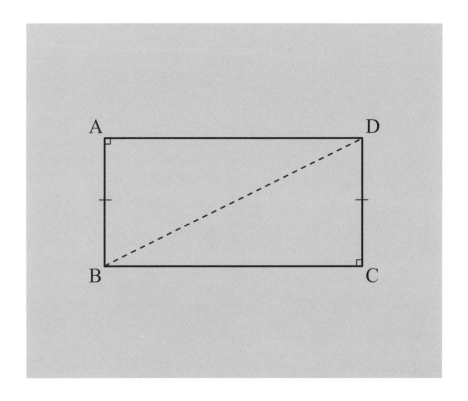

● **補助線** ─────────────────────────────────

　仮定より直角と等しい辺が与えられていることから、合同な三角形をつくる
ための補助線はひきやすいといえます. 合同な三角形ができれば、もう1組の
対辺が等しいといえます.

　次の問題 60 は補助円を利用することによって証明できますが、ここでは補助線を利用し証明してみてください.

問題
60

　四角形 ABCD において、AB = AD、∠A + ∠C = 180°ならば、
∠ACB = ∠ACD である.

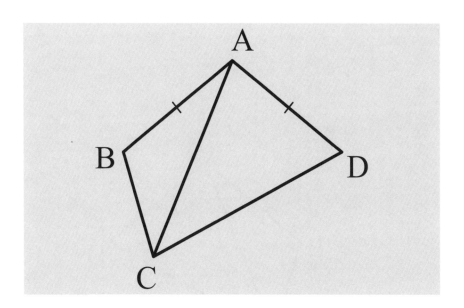

● **方針**

　∠A + ∠C = 180°より、∠B + ∠D = 180°です. ∠B + ∠D の大きさを 1 つの角の大きさで表すことを考えます. ∠ACD と ∠ACB が対応する角で、△ACD と合同な三角形ができないかを考えます.

● **使用する主な性質**

　三角形の合同条件およびその性質. 二等辺三角形の性質. 四角形の内角の和の性質.

●━ **解説** ━━━━━━━━━━━━━━━━━━━━━━━━━━━━━━━

　CBの延長上に、CD＝BEとなる点Eをとり、EとAを結びます.

　①△ACDと△AEBにおいて、AD＝AB、∠ADC＝∠ABE、CD＝EBより、

　　△ACD≡△AEBだから、∠AEB＝∠ACD、AE＝AC.

　②△AECは二等辺三角形だから、∠ACE＝∠AEC.

　③∠ACB＝∠ACE＝∠AEC＝∠AEB＝∠ACDより、∠ACB＝∠ACD

　といえます.

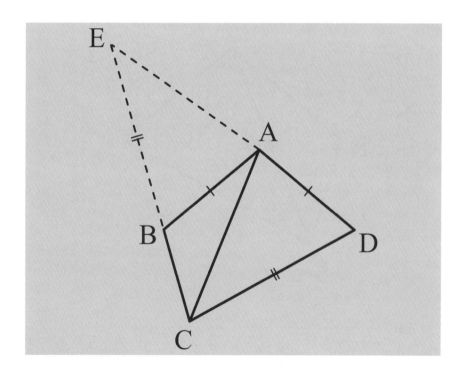

●━ **補助線** ━━━━━━━━━━━━━━━━━━━━━━━━━━━━━

　∠B＋∠D＝180°より、∠Dを∠Bの近くに移動することを目指します.
そのためにCBを延長する補助線をひくことが必要になります. △ACDと
合同な三角形をつくるために、AEは自然にひかれる補助線です.

次の問題61を補助線を利用し証明してみてください.

問題
61

四角形ABCDにおいて、AD = DC = CB、∠C = 2∠A
ならば、∠D = 2∠Bである.

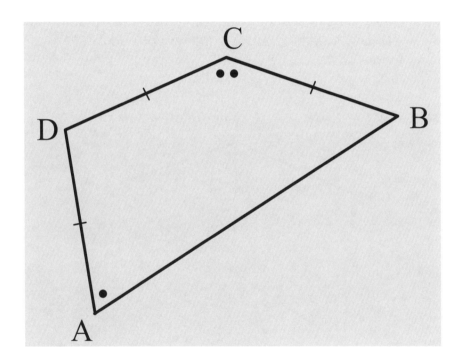

● ─ **方針** ─────

∠C = 2∠Aの意味は、∠Cを半分にした角と∠Aが等しいということです.

∠Cの$\frac{1}{2}$の大きさの角をつくります.

● ─ **使用する主な性質** ─────

2辺と1角が等しい三角形の合同条件およびその性質. 三角形の合同条件.

解説

∠DCBの二等分線とABとの交点をPとし、PとDを結びます.

① △APDと△CPDにおいて、∠A＝∠C、AD＝CD、DPは共通だから、∠APD＝∠CPD、または、∠APD＋∠CPD＝180°.

② ∠APD＋∠CPD＜180°より、∠APD＝∠CPDだから、△APD≡△CPDといえるので、∠ADP＝∠CDP.　　　　　　　　　　　　(1)

③ △DCPと△BCPにおいて、CD＝CB、∠DCP＝∠BCP、CPは共通だから、△DCP≡△BCPといえるので、∠CDP＝∠CBP.　　　　　　(2)

④ (1)、(2)より、∠D＝∠ADP＋∠CDP＝2∠CDP＝2∠CBP.したがって∠D＝2∠Bといえます.

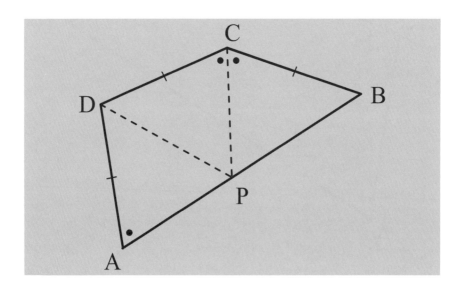

補助線

∠Cの$\frac{1}{2}$の大きさの角をつくるために、∠Cの二等分線を補助線としてひきます. 補助線DPをひくことにより、四角形が3つの合同な三角形に分割された図が完成し、解決に導きます.

次の問題62を補助線を利用し証明してみてください.

問題
62

四角形ABCDにおいて、AD、BCの中点をそれぞれM、N
とする. AB = DC、BM = DN ならば、四角形ABCDは平
行四辺形である.

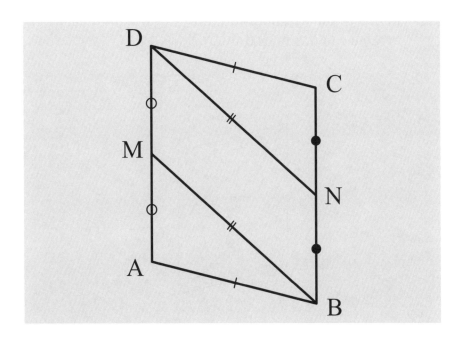

● **方針**

AB = DC より、四角形ABCDは AB∥DC を示せば平行四辺形といえます.
AB∥DC を示すには何がいえればよいかを考えます.

● **使用する主な性質**

平行四辺形になるための条件およびその性質. 三角形の合同条件およびその
性質. 平行線になるための条件およびその性質.

解説

BMを2倍に延長した点をPとし、PとA、Dをそれぞれ結びます.
またDNを2倍に延長した点をQとし、QとB、Cをそれぞれ結びます.

①BとDを結ぶと、四角形ABDPと四角形CDBQはともに平行四辺形
なので、AB = PD、DC = BQ、AP = BD = CQ.

②△ABPと△CDQにおいて、AB = CD、AP = CQ、BP = DQより、
△ABP ≡ △CDQだから、∠ABP = ∠CDQ.

③∠CDB = ∠BDQ + ∠CDQ = ∠CQD + ∠ABP = ∠APB + ∠ABP =
∠PBD + ∠ABP = ∠ABDより、∠CDB = ∠ABDだから、AB∥DC.

④これとAB = DCより、四角形ABCDは平行四辺形といえます.

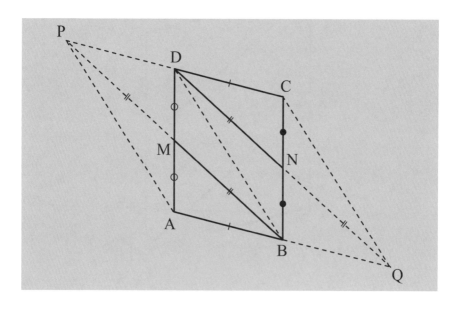

補助線

BとDを結ぶ補助線は、結論にかわる条件に置き換えるためにひかれる補助
線です. これによりBM、DNはそれぞれ△ABDと△CDBの中線とみること
ができます. 中線を2倍にのばす線分は図形に応じたきまった補助線なので自
然にひくことができます. 補助線を追加した図形においては、平行四辺形や平
行線の性質、三角形の合同条件およびその性質が利用できます.

次の問題63を補助線を利用し証明してみてください.

問題
63

正方形ABCDにおいて、CD上の点をEとし、∠BAEの二
等分線とBCとの交点をFとする. EからAFに垂線をひき、
AFとの交点をPとする. このとき、AF = 2EPである.

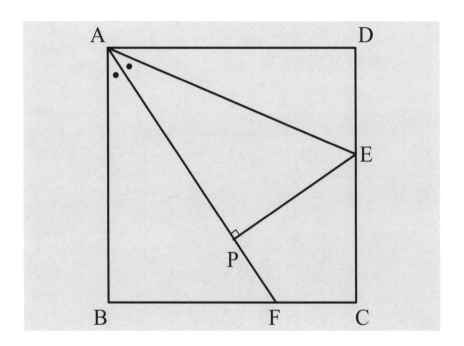

● **方針**

2EPの長さを表わす線分を図の中につくります. つくった線分とAFが対応
する辺で、合同な三角形があれば結論が得られます.

● **使用する主な性質**

三角形の合同条件およびその性質. 平行線の同位角の性質. 三角形の内角の
和の性質. 対頂角の性質.

解説

　EPの延長とABの延長との交点をGとします.

①△APEと△APGにおいて、∠PAE = ∠PAG、∠APE = ∠APG = 90°、APは共通だから、△APE ≡ △APGといえるので、
EP = GP、EG = 2EP.

②Dを通りEGに平行な直線をひき、ABとの交点をHとすれば、
DH = EG.

③EG = AFを示すには、DH = AFを示せばよいといえます. △ABFと△DAHにおいて、AB = DA、∠B = ∠A = 90°、∠AFB = ∠AGP = ∠DHAより、△ABF ≡ △DAHだから、AF = DH.
したがってAF = EG = 2EP.

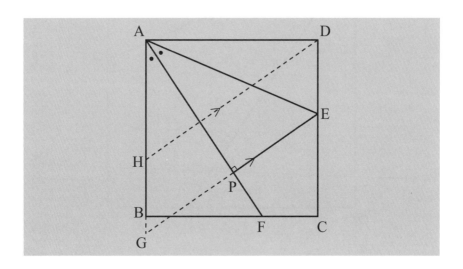

補助線

　二等辺三角形の頂角の二等分線が底辺を垂直に二等分する図形の一部が含まれており、それを復元するためにEPとABをそれぞれ延長する補助線がひかれています. EGを正方形のもつ条件とつながる位置に移動すれば、△ABFと関係づけることができます. そのためにEGを平行移動する必要があります.

次の問題64を補助線を利用し証明してみてください.

問題
64

> 四角形ABCDにおいて、AD、BCそれぞれの中点をM、N
> とし、BM = DNとする. 対角線BDに対し、A、Cそれぞ
> れから垂線をひき、BDとの交点をE、Fとする. AE = CF
> ならば、四角形ABCDは平行四辺形である.

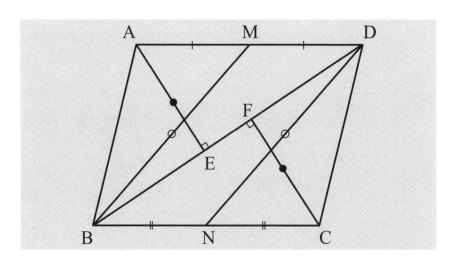

● 方針

AD = BC、AD∥BCを示せば、四角形ABCDは平行四辺形といえます.

そのためには四角形MBNDが平行四辺形となることを示せばよいといえます. △DAE、DAの中点M、∠AED = 90°に着目すると、平行線と線分の比の性質を表す図の一部が含まれているとみなすことができます.

● 使用する主な性質

平行線と線分の比の性質. 中点連結の定理. 直角三角形の合同条件およびその性質. 平行線になるための条件. 平行四辺形になるための条件およびその性質.

解説

M、NそれぞれからBDに対して垂線をひき、BDとの交点をP、Qとする.

① △DAEにおいて、MP∥AEより、DP = PEだから、MP = $\frac{1}{2}$ AE.

② △BCFにおいて、NQ∥CFより、BQ = QFだから、NQ = $\frac{1}{2}$ CF.

③ △BMPと△DNQにおいて、BM = DN、∠BPM = ∠DQN = 90°、
MP = NQより、△BMP ≡ △DNQだから、∠MBP = ∠NDQ.

④ ∠MBD = ∠MBP = ∠NDQ = ∠NDBより、MB∥DN.

⑤ 四角形MBNDは平行四辺形だから、MD = BN、MD∥BN.

⑥ AD = 2MD = 2BN = BC、AD∥BCより、四角形ABCDは平行四辺形
といえます.

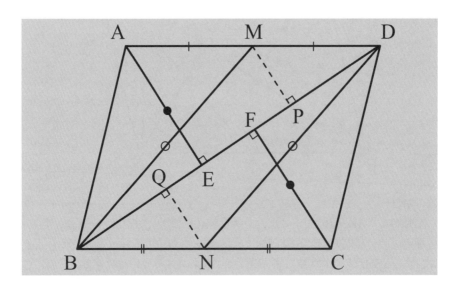

補助線

平行線と線分の比の性質を表す図の一部が含まれているので、それを復元す
るために補助線MPとNQがひかれます. この補助線はよく利用される補助線
でひきやすい線です. この補助線は中点連結の定理が利用できるようにした
り、合同な三角形をつくるための辺になる役割を担います.

次の問題65は前問と類似する問題です．同じように考えてみてください．

問題
65

四角形ABCDにおいて、AD、BCそれぞれの中点をM、N
とし、BM = DNとする．対角線BDに対しA、Cそれぞれ
から垂線をひき、BDとの交点をE、Fとする．このとき、
BE = DFならば、四角形ABCDは平行四辺形である．

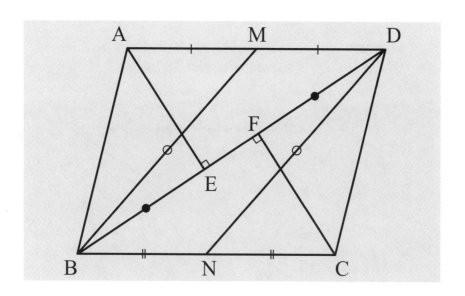

●— **方針**

四角形MBNDが平行四辺形になることを示すことを目指します．補助線の
ひき方は前問を参考にすることができます．

●— **使用する主な性質**

平行線と線分の比の性質．直角三角形の合同条件およびその性質．平行線に
なるための条件．平行四辺形になるための条件およびその性質．

●━ 解説 ────────────────────────────────

M、N から BD にそれぞれ垂線をひき、BD との交点を P、Q とします.

①AE∥MP、CF∥NQ より、DP = PE = $\dfrac{1}{2}$DE、BQ = QF = $\dfrac{1}{2}$BF.

②BF = DE より、DP = BQ だから、BP = DQ.

③△MBP と△NDQ において、BM = DN、BP = DQ、∠BPM = ∠DQN
　= 90° より、△MBP ≡ △NDQ だから、∠MBP = ∠NDQ.

④∠MBD = ∠MBP = ∠NDQ = ∠NDB より、MB∥DN.

⑤MB∥DN、MB = DN より、四角形 MBND は平行四辺形だから、
　MD∥BN、MD = BN.

⑥AD = 2MD、BC = 2BN より、AD = BC. MD∥BN より、
　AD∥BC だから、四角形 ABCD は平行四辺形といえます.

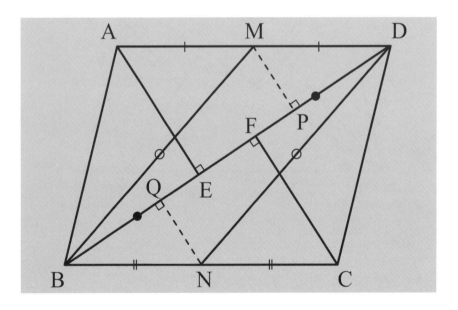

●━ 補助線 ────────────────────────────────

　M、N からの垂線は前問を参考にすればすぐにひける補助線だと思います.
その補助線は、平行線と線分の比の性質を利用できるようにし、また合同な三
角形をつくるための辺にもなる役割を担います.

次の問題66を補助線を利用し証明してみてください.

 問題 66

平行四辺形ABCDにおいて、BC、CDそれぞれの中点をM、Nとする. AM＝ANならば、四角形ABCDはひし形である.

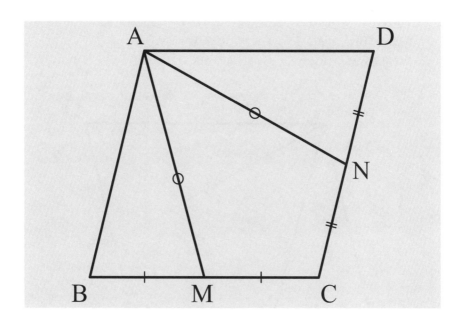

● **方針**

　平行四辺形がひし形になるための条件は、隣り合う辺の長さが等しいことや、対角線が直角に交わることなどがあります. M、Nが中点であることから、中点連結の定理を利用するのではないかとの予想が立ちます.

● **使用する主な性質**

　平行四辺形の対角線の性質. 中点連結の定理. 平行線と線分の比の性質. 三角形の合同条件およびその性質. 平行四辺形がひし形になるための条件.

● 解説

平行四辺形ABCDの対角線をひき、MとNを結びます.

①△CBDにおいて、M、Nは中点だから、MN = $\frac{1}{2}$BD、MN∥BD.

②対角線の交点をP、ACとMNの交点をQとすると、
MN∥BD、BP = PDより、MQ = QN.

③△AMQと△ANQにおいて、AM = AN、MQ = NQ、AQは共通だから、
△AMQ ≡ △ANQといえるので、∠AQM = ∠AQN = 90°.

④MN∥BD、∠AQM = 90°より、∠APB = 90°.

⑤対角線が直角に交わるから、四角形ABCDはひし形といえます.

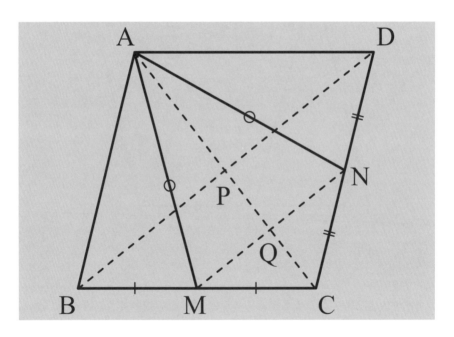

● 補助線

中点連結の定理を表す図の一部が含まれているとみることができます. そこでそれを復元するために、補助線MNとBDがひかれます. 対角線が直角に交わることを示そうとすれば、ACは自然にひかれる補助線です. BD⊥ACを示すには、MN⊥ACであることを示せばよいといえます.

次の問題67を補助線を利用し証明してみてください.

問題 67

正方形ABCDにおいて、ADの延長上の点をE、BCの延長上の点をFとする. BEとDCの交点をHとする. このとき、∠BEF = 90°ならば、$CF^2 = BC^2 + EH^2$である.

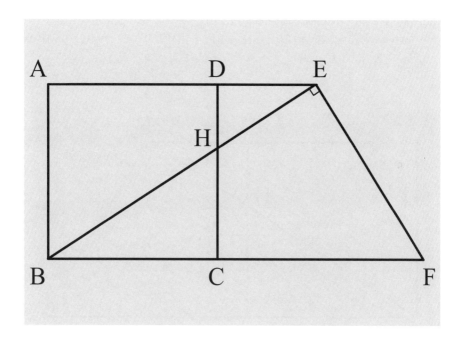

● **方針**

$CF^2 = BC^2 + EH^2$は、$CF^2 - BC^2 = EH^2$と変形できます. 結論の式の形からみて、三平方の定理を利用する問題のようにみえます.

● **使用する主な性質**

三平方の定理. 三角形の合同条件およびその性質.

● 解説

　結論の式を変形して、$CF^2 - BC^2 = EH^2$ となることを示します.

①HとFを結びます.　$CH \perp CF$ より、$CF^2 = FH^2 - CH^2$.

②△CHBにおいて、$BC^2 = BH^2 - CH^2$.

③$CF^2 - BC^2 = FH^2 - CH^2 - BH^2 + CH^2 = FH^2 - BH^2$.

④$FH^2 - BH^2 = EH^2$ とすれば、$BH = EF$ のはずです.　そこで $BH = EF$ を示します.　BHは△BCHの斜辺です.　EFを斜辺とする三角形をつくるために、EからCFに垂線をひきCFとの交点をGとし、△EGFをつくります.　△BCH ≡ △EGF だから、$BH = EF$.

⑤$CF^2 - BC^2 = FH^2 - BH^2 = FH^2 - EF^2 = EH^2$ より、$CF^2 = BC^2 + EH^2$ といえます.

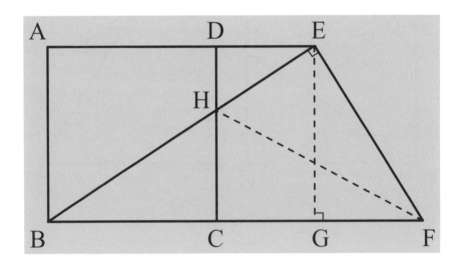

● 補助線

　FHをひくことにより、2つの直角三角形ができ、CF^2 と EH^2 をつくることができます.　これにより CF を EH に近づけることができます.　EG は△BCH と合同な三角形で BH と EF が対応する辺となる三角形をつくるために自然にひかれる補助線です.

次の問題68を補助線を利用し証明してみてください.

問題
68

四角形ABCDにおいて、AB ＝ AD ＝ DCとする．対角線の交点をOとするとき、∠BOC ＝ 120°ならば、OB ＝ OCである．

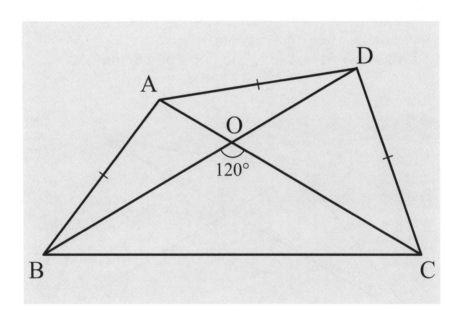

●— **方針** ———————————————————————

　（∠BOCの外角）＝ 60°に着目し、正三角形をつくるための補助線を追加すると、合同な三角形が見えてきます.

●— **使用する主な性質** ———————————————————

　二等辺三角形の性質．三角形の内角の和の性質．正三角形になるための条件．三角形の合同条件およびその性質.

● 解説

①OB上に点PをOP＝OAにとり、PとAを結びます．△OAPは正三角形
　だから、AP＝AO＝OP.

②△ABDは二等辺三角形だから、∠ABD＝∠ADB．∠APB＝∠AOD＝
　120°より、∠BAP＝∠DAO.

③△ABP≡△ADOだから、PB＝OD.

④OC上に点QをOQ＝ODにとり、QとDを結びます．
　△ODQは正三角形だから、DO＝DQ＝OQ.

⑤DA＝DC、∠DAO＝∠DCQ、∠ADO＝∠CDQより、
　△DAO≡△DCQだから、OA＝QC.

⑥OB＝OP＋PB＝OA＋DO＝QC＋OQ＝OCより、OB＝OC.

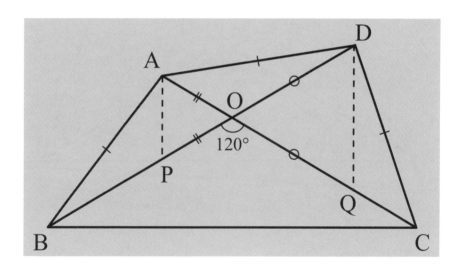

● 補助線

　∠BOCの外角が60°だから、正三角形をつくるためにひく補助線はよく利
用されます．この補助線AP、DQをひくことにより、解決へのいとぐちがみ
えてきます．AP、DQは正三角形をつくる辺であり、また合同な三角形をつく
る辺の役割も担っています．

次の問題69を補助線を利用し証明してみてください.

問題 **69**

> ひし形ABCDにおいて、BC、CDそれぞれの中点をM、N
> とする. ∠B = 60°ならば、△AMNは正三角形である.

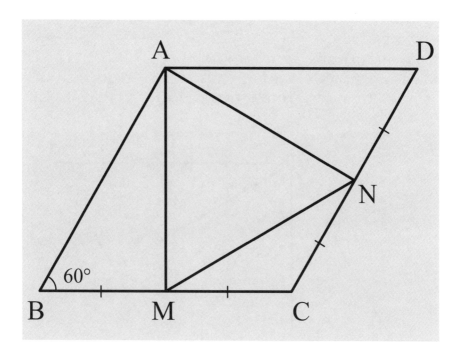

●— **方針** ———————————————————————

AM = AN、∠MAN = 60°ならば、△AMNは正三角形といえます.

●— **使用する主な性質** —————————————————

ひし形の性質. 二等辺三角形の性質. 三角形の内角の和の性質. 正三角形に
なるための条件. 三角形の合同条件およびその性質.

●━ 解説

　対角線ACを補助線としてひくことにより、ひし形は2つの合同な二等辺三角形にわけることができるので、∠BAC = ∠DAC = 60°.

①∠BAC = ∠BCA = ∠B = 60°より、△ABCは正三角形だから、
AB = BC = CA.

②△ABMと△ACMにおいて、AB = AC、BM = CM、AMは共通だから、
△ABM ≡ △ACMといえるので、∠BAM = ∠CAM = 30°.

③同様に、△DACは正三角形であり、△ACN ≡ △ADNだから、
∠DAN = ∠CAN = 30°.

④△ABM ≡ △ADNだから、AM = AN.

⑤これと∠MAN = ∠CAM + ∠CAN = 60°より、∠AMN = ∠ANM = 60°. したがって△AMNは正三角形といえます.

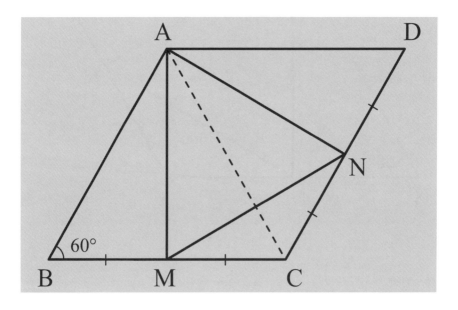

●━ 補助線

　対角線ACはひし形を合同な三角形に分割する役割を担い、ひし形に応じたきまった補助線です. ∠B = 60°であることとACがうまくつながりをもち、正三角形や合同な三角形をつくっています.

次の問題70を補助線を利用し証明してみてください.

四角形ABCDにおいて、BD = BC、∠ABD = 2∠ACD ならば、AB = BCである.

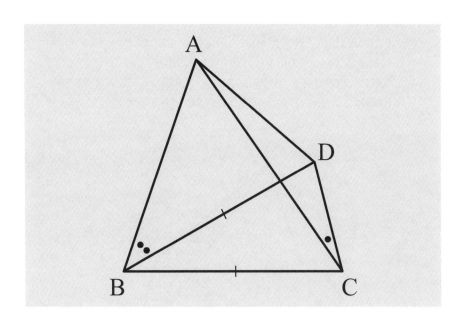

●── **方針** ────────────────────

AB = BCを示すことは、∠BAC = ∠BCAを示すことに置き換えることができます. △BCDは二等辺三角形だから、二等辺三角形に応じたきまった補助線を利用できないかと考えます.

●── **使用する主な性質** ────────────

二等辺三角形の性質およびその逆. 三角形の合同条件およびその性質. 三角形の外角とその内対角の和の性質. 対頂角の性質. 三角形の内角の和の性質.

解説

補助線としてBからDCに垂線をひき、DC、ACとの交点をそれぞれM、Pとし、PとDを結びます。

①△BCM ≡ △BDMだから、CM = DM.

②△PCM ≡ △PDMだから、PC = PD、∠PCD = ∠PDC.

③対角線の交点をQとすれば、∠QPD = 2∠PCD = ∠ABD.

④△ABQと△DPQにおいて、∠QPD = ∠ABD、∠AQB = ∠DQPより、∠BAQ = ∠QDP.

⑤△BCDは二等辺三角形だから、∠BCD = ∠BDC.
　これと∠PCD = ∠PDCより、∠BCP = ∠BDP.

⑥∠BAC = ∠BAQ = ∠QDP = ∠BDP = ∠BCP = ∠BCAより、△BACは二等辺三角形だから、AB = BCといえます。

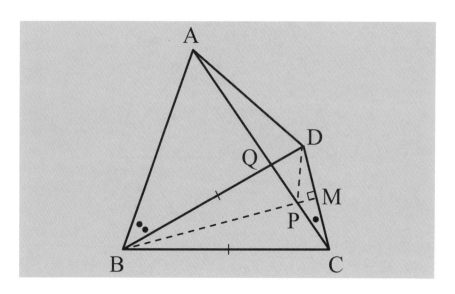

補助線

BMは、△BCDが二等辺三角形だからそれに応じたきまった補助線です。BMが追加された図形に応じてひかれるのが補助線PDです。∠BAC = ∠BCAを直接示すことは難しいので、補助線を利用して∠BCAをいったん∠BDPに移動してから、∠BACとの関係を調べています。

次の問題71を補助線を利用し証明してみてください.

問題 71

△ABCにおいて、AB = ACとする.　△ABCの外接円の弧AB上の点をPとする.　AからPBに平行な直線をひき、PCとの交点をQとする.　このとき、AQ = PQである.

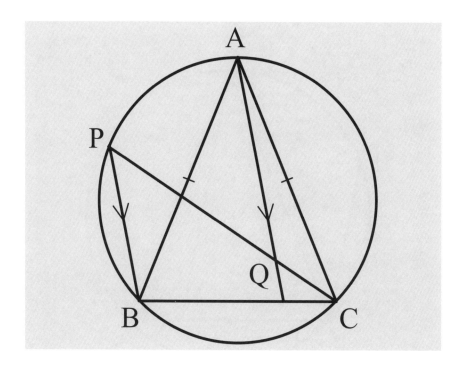

● **方針**

AQ = PQといえるためには、何を示せばよいかを考えます.

● **使用する主な性質**

二等辺三角形の性質およびその逆.　平行線の錯角の性質.　円周角の定理.

　AとPを結び、△QAPが二等辺三角形であることを示します.

① ∠QPA = ∠CPA = ∠CBA.

② ∠QAP = ∠QAB + ∠BAP = ∠PBA + ∠BCP = ∠PCA + ∠BCP = ∠ACB.

③ ∠CBA = ∠ACBより、∠QPA = ∠QAPだから、

　△QAPは二等辺三角形となり、AQ = PQといえます.

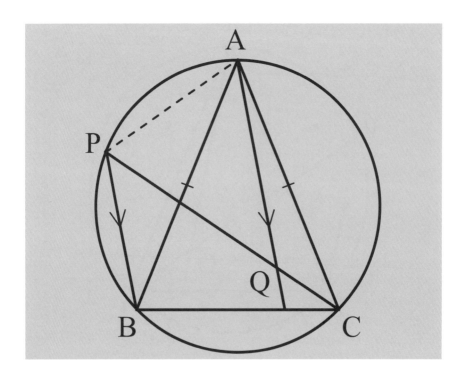

● 補助線

　APは結論を置き換えるときに自然に生じる補助線です. この補助線は △QAPの内角となる∠QAPをつくり、また∠QPA（= ∠CPA）、∠PABを円 周角とみることができるようにしています.

次の問題 72 は前問に類似した問題です。補助線はどこにひきますか。

問題 72

△ABC において、AB = AC とする。△ABC の外接円の弧 AB 上の点を P とし、A から PB に平行な直線をひき PC との交点を Q とする。BP = CQ ならば、△ABC は正三角形である。

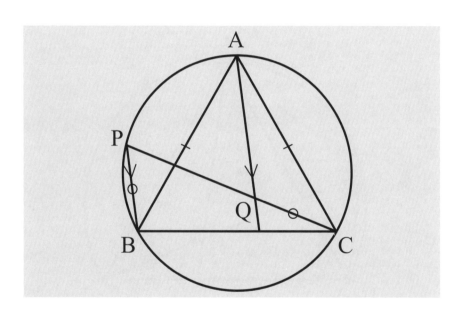

● **方針**

たとえば AC = BC を示すことができればよいといえます。そのためには弧 AC と弧 BC に対する円周角が等しいことを示す必要があります。

● **使用する主な性質**

二等辺三角形の性質。平行線の錯角の性質。円周角の定理。三角形の合同条件およびその性質。円周角と弦の性質。

AとPを結ぶ補助線をひきます. AB = ACなので、AC = BCを示します.

①△APBと△AQCにおいて、AB = AC、PB = QC、∠ABP = ∠ACQより、
△APB ≡ △AQCだから、AP = AQ.

②∠AQP = ∠APQ = ∠APC、∠AQP = ∠BPCより、∠APC = ∠BPC
だから、弧AC = 弧BC.

③AC = BCより、AB = AC = BCだから、△ABCは正三角形といえます.

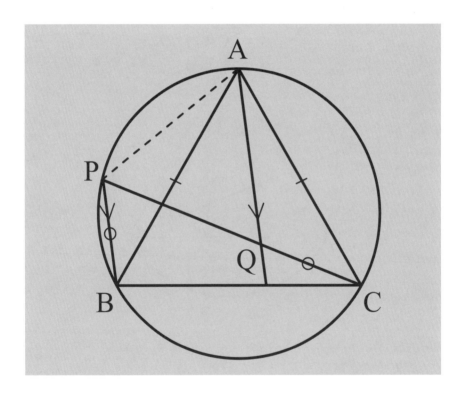

弦AC、BCに対するそれぞれの弧の長さが等しいことがわかれば結論が得ら
れます. したがって補助線APをひくことが必要になります.

次の問題73を補助線を利用し証明してみてください.

四角形ABCDにおいて、AD、BCの中点をそれぞれN、M
とし、AB、DCの中点をそれぞれL、Kとする．NB = DM、
LD = BKならば、四角形ABCDは平行四辺形である．

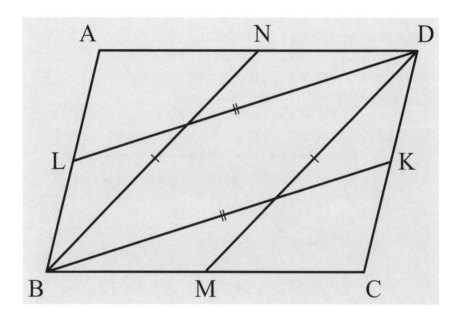

●― 方針 ――――――――――――――――――――

　頂点と辺の中点を結ぶ線分が4本あることからみて、三角形の重心の性質を
利用するのではないかと予想できます．中線の交点をそれぞれE、Fとし、四
角形DEBFに着目します．

●― 使用する主な性質 ――――――――――――――

　三角形の重心の性質．平行四辺形になるための条件およびその性質．

● **解説** ─────────────────────────────────

　四角形ABCDは補助線BDにより２つの三角形に分けることができます.

①△ABDにおいて、BNとDLとの交点をEとすれば、Eはその三角形の重心だから、$BE = \dfrac{2}{3}BN$、$DE = \dfrac{2}{3}DL$.

②△CBDにおいて、BKとDMとの交点をFとすれば、Fはその三角形の重心だから、$DF = \dfrac{2}{3}DM$、$BF = \dfrac{2}{3}BK$.

③BN = DMより、BE = DF. DL = BKより、DE = BF.

④四角形DEBFは平行四辺形だから、EB∥DF. したがってNB∥DM.

⑤これとNB = DMより、四角形DNBMは平行四辺形だから、DN = BM、DN∥BM.

⑥AD∥BC、AD = 2DN = 2BM = BCだから、四角形ABCDは平行四辺形といえます.

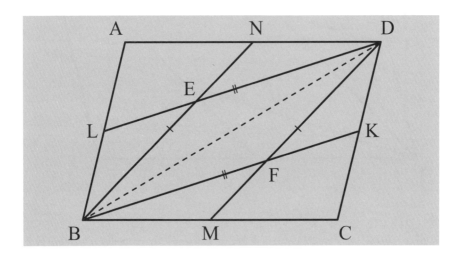

● **補助線** ─────────────────────────────────

　三角形の中線が一点で交わるときの図の一部が見られることから、それを復元させるために補助線BDがひかれます. この補助線は思いつきやすいと思います. それによって重心の性質が利用できるようになります.

次の問題74を補助線を利用し証明してみてください.

問題 74

四角形ABCDにおいて、∠A = ∠C = 90°とする．AD、BC
の中点をそれぞれM、Nとするとき、BM = DNならば、
四角形ABCDは長方形である．

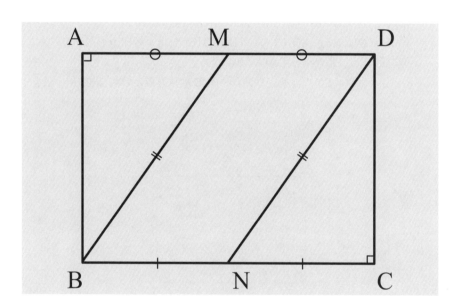

● **方針**

　AD∥BCであれば、同側内角の性質より、∠B = ∠D = 90°だから、長方形
といえるはずです．またAD∥BCであれば、MD∥BNのはずです．そこで
MD∥BNを示すことを目指します．

● **使用する主な性質**

　直角三角形の中線の性質．三角形の合同条件およびその性質．平行四辺形に
なるための条件．平行線の同側内角の性質．

解説

　BM、DNそれぞれの中点E、Fをとり、AとE、CとFを結びます.

①∠A = ∠C = 90°、BM = DNより、AE = EM = CF = FN.

②EMを延長し、EM = MXである点Xをとり、XとDと結べば、
　△DXM ≡ △AEMだから、DX = AE.

③FNを延長し、FN = NYである点Yをとり、YとBと結べば、
　△BYN ≡ △CFNだから、BY = CF.

④AE = CFより、DX = BY. BX = BM + MX = DN + NY = DYより、
　BX = DYだから、四角形XBYDは平行四辺形です.

⑤MB∥DN、MB = DNより、四角形MBNDは平行四辺形だから、
　MD∥BN. したがってAD∥BC.

⑥∠B = ∠D = 90°だから、四角形ABCDは長方形といえます.

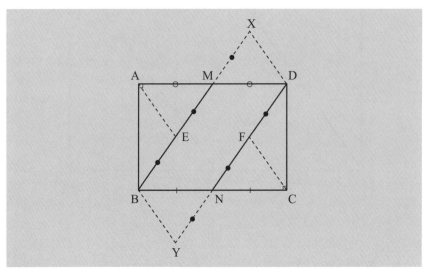

補助線

　直角三角形の斜辺の中点と直角の頂点とを結ぶ線は補助線としてよく使われます. MとNが中点であること、およびEM = FNであることに着目すれば、合同な三角形を追加するための補助線が浮かび上がります. これにより、AEがDXに、CFはBYにそれぞれ移動でき、1組の対辺の長さが等しい四角形をつくることができます.

次の問題75を補助線を利用し証明してみてください.

問題 75

台形ABCDにおいて、AD∥BC、AB＝2ADとする. AC
とBDの交点をEとし、EからBCに平行にひいた直線と
DCとの交点をFとすれば、BFは∠ABCを2等分する.

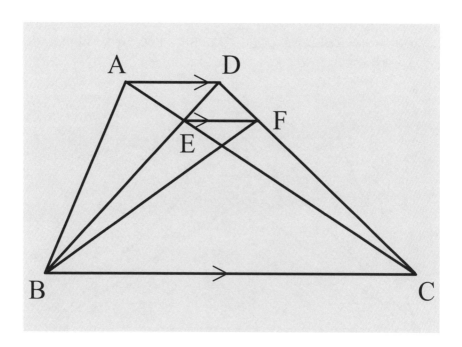

● **方針**

EF∥BCより、∠EFB＝∠CBFだから、BFが∠Bを2等分するとした
ならば、∠EFB＝∠ABFのはずです.

● **使用する主な性質**

平行線の錯角の性質. 平行線と線分の比の性質. 二等辺三角形の性質.

● **解説**

　FEの延長とABとの交点をGとします．△GBFが二等辺三角形になることを示します．

①GF∥BCより、∠GFB = ∠CBF.

②AD∥GEだから、BG：GE = BA：AD = 2AD：AD.

③BG：GE = 2：1より、BG = 2GE.

④GE = EFを示せば結論が得られます．

　GE：BC = AE：AC = DF：DC = EF：BCより、GE：BC = EF：BC
　だから、GE = EF.

⑤BG = 2GE = GFより、∠GBF = ∠GFB = ∠FBCだから、BFは∠ABC
　を2等分するといえます．

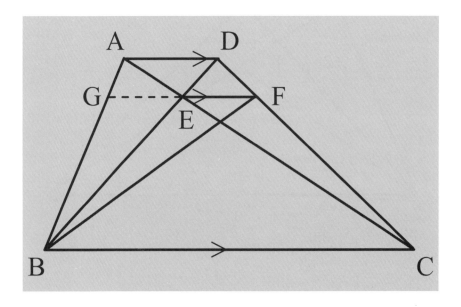

● **補助線**

　∠EFB = ∠CBFだから、∠CBF = ∠ABFとすれば、∠EFB = ∠ABFとなるはずです．∠EFBと∠ABFを内角としてもつ三角形が二等辺三角形であれば、結論を得ることができます．そのために補助線EGをひき△GBFをつくっています．

次の問題76を補助線を利用し証明してみてください.

問題 76

四角形ABCDにおいて、対角線ACは∠Aを二等分すると
する. AC上の点をPとするとき、BC = CP、∠ACB =
2∠ACDならば、∠ADP = 2∠ABP、AB = AD + DPである.

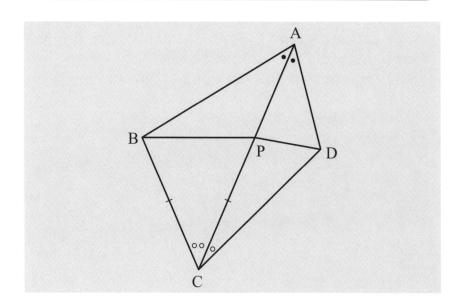

● **方針**

∠ACB = 2∠ACDは、$\frac{1}{2}$∠ACB = ∠ACDとみることができます. そこで
$\frac{1}{2}$∠ACBの大きさをもつ角をつくります.

● **使用する主な性質**

二等辺三角形の性質. 三角形の合同条件およびその性質. 三角形の外角とそ
の内対角の和の性質.

● **解説**

　∠BCPの二等分線をひきABとの交点をQとし、QとPを結びます.

① △BCQと△PCQにおいて、BC = PC、∠BCQ = ∠PCQ、CQは共通
　だから、△BCQ ≡ △PCQといえるので、QB = QP.

② △QBPは二等辺三角形だから、∠AQP = 2∠QBP = 2∠ABP. 　　　(1)

③ △ACQと△ACDにおいて、∠ACQ = ∠ACD、∠CAQ = ∠CAD、AC
　は共通だから、△ACQ ≡ △ACDとなるので、AQ = AD.

④ △APQと△APDにおいて、AQ = AD、∠PAQ = ∠PAD、APは共通
　だから、△APQ ≡ △APDといえるので、∠AQP = ∠ADP、QP = DP.

⑤ これと (1) より、∠ADP = ∠AQP = 2∠ABP.

⑥ AB = AQ + QB = AD + QP = AD + DPより、AB = AD + DP.

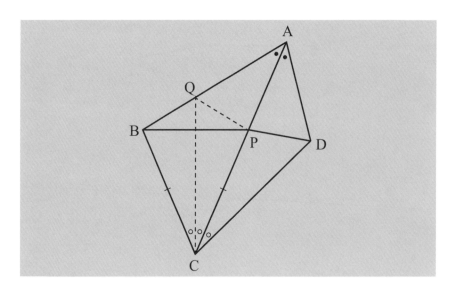

● **補助線**

　$\dfrac{1}{2}$∠ACBの大きさをもつ角は、∠ACBの二等分線を補助線として利用する
ことにより得られます. 補助線PQは△CBQと合同で辺BQに対応する辺をも
つ三角形をつくるとともに、△ADPと合同で∠ADPに対応する角をもつ三角
形をつくる役割を担います.

次の問題77を補助線を利用し証明してみてください.

問題 **77**

円に内接する四角形ABCDのCD上の点をP、AD上の点を Qとする. AB = DP、BC = DQならば、BDはPQを2等 分する.

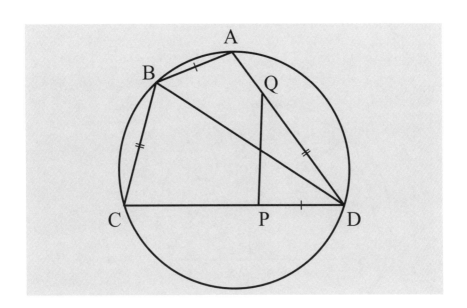

- **方針**

図形のもつ性質を探します. ∠ABC =（∠Dの外角）であることがわかりま す. 与えられている条件から合同な三角形をつくり、それを利用するのではな いかと予想できます.

- **使用する主な性質**

円周角の定理. 平行線の錯角の性質. 三角形の合同条件およびその性質. 平 行線と線分の比の性質. 円に内接する四角形の性質.

168

解説

①Qから BD に平行にひいた直線と CD の延長との交点を T とすれば、
∠TQD = ∠BDA.

②A と C を結べば、∠BDA = ∠BCA だから、∠TQD = ∠ACB.

③△ABC と△TDQ において、∠ABC = ∠TDQ、BC = DQ、
∠ACB = ∠TQD より、△ABC ≡ △TDQ だから、AB = TD.

④AB = DP、AB = TD より、DP = TD.

⑤BD と QP の交点を R とします. QT∥RD、DP = TD より、PR = RQ
だから、BD は PQ を 2 等分するといえます.

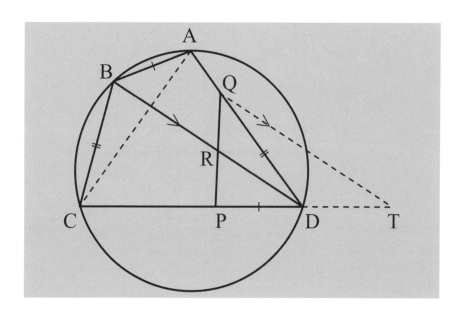

補助線

平行線と線分の比の性質を表す図の一部が含まれています. △RPD と PQ で
す. それを復元します. そのために補助線 DT と QT を必要とします. PD =
DT とすれば、PR = RQ といえるはずです. PD = DT を示すために補助線 AC
をひけば、△TDQ に対応する△ABC をつくることに結びつきます.

次の問題78を補助線を利用し証明してみてください.

問題 78

△ABCにおいて、AB＝ACとする．△ABCの外接円の中心をOとし、弧AB上の点をD、弧AC上の点をEとする．弦DEに関してAと円の中心Oは反対側にあるとする．AB＝DEならば、PA＝PD、QA＝QEである．

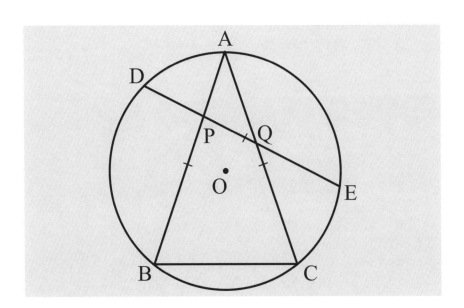

● 方針

（弧AEC）＝（弧ADB）＝（弧DAE）といえます．それぞれの弧に対する円周角に着目します．PA＝PD、QA＝QEを示すには何を示せばよいかを考えます.

● 使用する主な性質

二等辺三角形になるための条件およびその性質．弧と弦の性質．円周角の定理．弧と円周角の性質.

● 解説

　AとD、Eをそれぞれ結び、BとD、Eをそれぞれ結びます.

①AB = DEより、弧ABに対する円周角である∠AEBと弧DEに対する円周角である∠DBEは、ともに90°より小さいので、∠AEB = ∠DBEといえます.

②これと∠ABD = ∠AEDより、∠ABE = ∠BED.

③∠PAD = ∠BAD = ∠BED = ∠ABE = ∠ADE = ∠PDAより、△PADは二等辺三角形だから、PA = PDといえます.

④∠ABC = ∠ACB = ∠AEB = ∠DBEより、∠CBE = ∠ABD.

⑤∠QAE = ∠CAE = ∠CBE = ∠ABD = ∠AED = ∠QEAより、△QAEは二等辺三角形だから、QA = QEといえます.

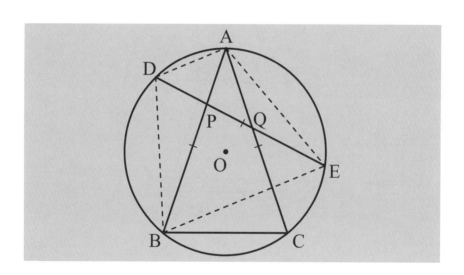

● 補助線

　（弧ADB）、（弧DAE）それぞれに対する円周角をつくるために必要とされる弦が補助線となっています. 補助線が追加された図においては角の移動ができるようになります. AD、AEは結論にかわる条件に置き換えるために必要とされる補助線です.

次の問題 79 を補助線を利用し証明してみてください.

問題 79

△ABC は鋭角三角形で、∠A = 60°、△ABC の外接円の中心を O とする. CO の延長と AB との交点を P、BO の延長と AC の交点を Q とするならば、OP + OQ = OB である.

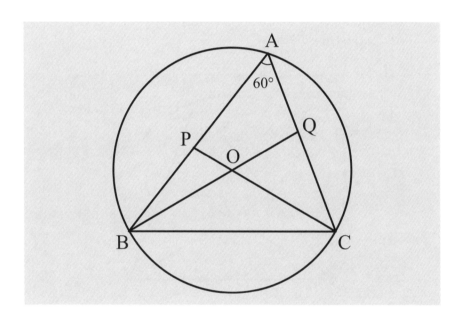

● **方針**

OB = OC、∠BOC = 120° です. OP + OQ の長さをもつ線分をつくり、それが OC と長さが等しいことを示します.

● **使用する主な性質**

円周角の定理. 円周角と中心角の性質. 三角形の内角の和の性質. 正三角形になるための条件. 三角形の合同条件およびその性質.

172

● 解説

BQの延長と円Oとの交点をRとし、RとCを結びます.

① ∠BAC = 60°より、∠BOC = 120°だから、∠ROC = 60°.

② ∠BRC = ∠BAC = 60°だから、∠RCO = 60°. △ROCは正三角形といえるので、OR = RC = OC.

③ △OPBと△RQCにおいて、∠OBP = ∠ABR = ∠ACR = ∠QCR、∠BOP = ∠CRQ = 60°、OB = OC = RCより、△OPB ≡ △RQCだから、OP = RQ.

④ OP + OQ = RQ + OQ = OR = OC = OBより、
OP + OQ = OBといえます.

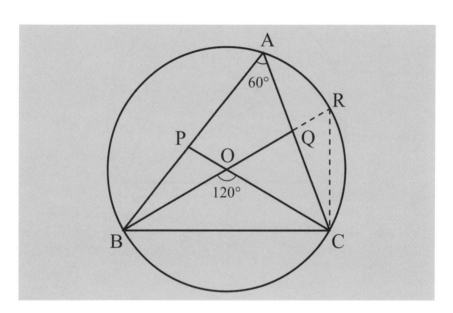

● 補助線

OP + OQの長さをもつ線分をつくるには、OQの延長上にQX = OPである点XをとればOXがその線分といえますが、この問題ではBQを延長すると円Oと交わることから、点Xは点Rではないかと予想できます. 補助線QRがOPと等しいことを示せばよいということがわかります.

次の問題80を補助線を利用し証明してみてください.

問題
80

平行四辺形ABCDにおいて、∠A = 120°とする. BDに関
して、Aがある側に正三角形PBDをつくるならば、AP =
ACである.

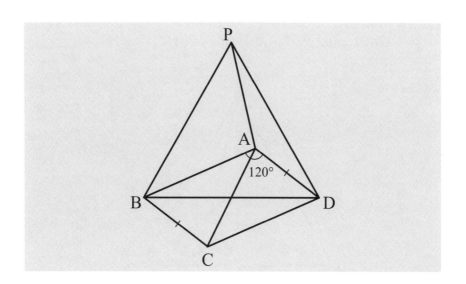

● **方針**

APとACが対応する辺で合同な三角形が図の中にあればよいのですが見あた
りません. そこでAPを辺とする△APDに着目して、この三角形と合同な三角
形をACを1辺としてつくることができないかと考えます.

● **使用する主な性質**

二等辺三角形の性質. 三角形の内角の和の性質. 平行線の同側内角および錯
角の性質. 正三角形になるための条件およびその性質. 三角形の合同条件およ
びその性質.

●— **解説**

　BAの延長上にAE = ADである点Eをとり、EとDを結びます.

①∠DAE = 60°、AD = AE より、△ADEは正三角形だから、
　AD = DE = AE.

②CとEを結ぶと、△BCD と△EDCにおいて、BC = ED、
　∠BCD = ∠EDC = 120°、CDは共通だから、
　△BCD ≡ △EDC といえるので、∠CBD = ∠CED、CE = BD.

③△ADP と△AECにおいて、PD = BD = CE、AD = AE、
　∠ADP = 60° − ∠ADB = 60° − ∠CBD = 60° − ∠CED = ∠AEC より、
　△ADP ≡ △AEC だから、AP = AC といえます.

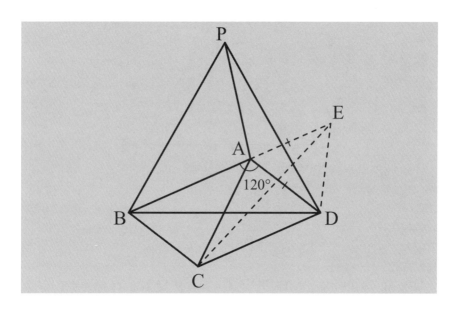

●— **補助線**

　APとACが対応する合同な三角形ができれば結論が得られます. APを辺に
もつ三角形は△APDです. 補助線AEとECは、△APDと2組の辺がそれぞれ
等しい三角形をつくるためにひくことが必要になります. しかしこのままでは
2つの三角形が合同であることが示せません. PD = CEであるかどうかがこ
の時点ではわからないからです. そこで補助線EDが必要になります.

次の問題81を補助線を利用し証明してみてください.

問題 81

正方形ABCDにおいて、対角線の交点をOとする．Oを通る直線とAB、DCとの交点をそれぞれE、Fとする．EFを直径とする円とBCとの交点をP、Qとする．このとき、BP = CQ = CFであり、△EPFは直角二等辺三角形である．

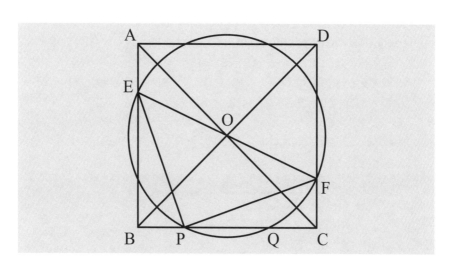

🔵─ 方針

BP、CQ、CFそれぞれを1辺とする三角形が合同であれば結論が得られます．しかしそのような三角形はこのままでは見つかりません．この図のなかにつくることが必要になります．後半ではEFは円の直径なので、∠EPF = 90°だから、EPとPFが対応する合同な三角形を見つけます．

🔵─ 使用する主な性質

正方形の対角線の性質．二等辺三角形の性質．三角形の合同条件およびその性質．直径に対する円周角の性質．2辺と1角が等しい三角形の合同条件．対頂角の性質．

● **解説**

①OとP、Qそれぞれを結びます．△OPQにおいて、OP＝OQより、∠OPQ
＝∠OQPだから、∠OPB＝∠OQC．∠OBP＝∠OCQ＝45°より、
∠BOP＝∠COQ．

②△OBPと△OCQにおいて、OB＝OC、OP＝OQ、∠BOP＝∠COQ
より、△OBP≡△OCQだから、BP＝CQ．

③△OCQと△OCFにおいて、OQ＝OF、∠OCQ＝∠OCF＝45°、OC
は共通だから、∠OQC＝∠OFC、または∠OQC＋∠OFC＝180°です．
∠OQC＋∠OFC＞180°より、∠OQC＝∠OFCだから、△OCQ≡
△OCF．したがってCQ＝CFより、BP＝CQ＝CF．

④△OAEと△OCFにおいて、OA＝OC、∠AOE＝∠COF、OE＝OFより、
△OAE≡△OCFだから、AE＝CF．

⑤△EBPと△PCFにおいて、BP＝CF、∠B＝∠C＝90°、EB＝AB－
AE＝AB－CF＝BC－CF＝BC－BP＝PCより、△EBP≡△PCFだ
から、EP＝PF．

⑥これと、∠EPF＝90°より、△EPFは直角二等辺三角形といえます．

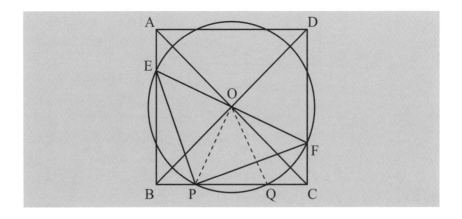

● **補助線**

円の中心と円周上の2点をむすぶ線分OP、OQは、円の半径で図形に応じ
たきまった補助線なので自然にひくことができます．この補助線は、BPとCQ
が対応する合同な三角形をつくるために必要とされます．

次の問題82を補助線を利用し証明してみてください.

四角形ABCDが円に内接し、∠ACD = 2∠BAC、∠ACB
= 2∠CADならば、AC = BC + CDである.

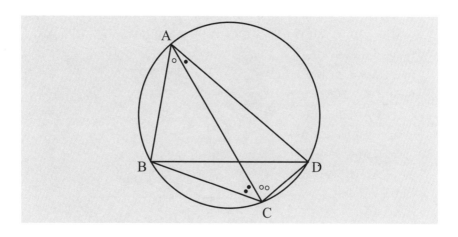

方針

　BC + CDの長さをもつ線分をつくります. それにはDCの延長上に点Pを
CP = CBにとれば、DPがその線分になるので、AC = DPを示せばよいといえ
ます. しかしこのままではACとDPとのつながりをつけにくいので、DPを移
動してACに近づけることを考えます. PとBを結べば、∠BCD = 120°より
△CBPは正三角形といえるので、BP = BCです. △BPDと合同な三角形をつ
くることができればDPを移動することができます. ∠DBP = ∠60° + ∠DBC
に着目すれば、これと大きさが等しい角をつくることができるので、これをい
とぐちとして考えます.

使用する主な性質

　二等辺三角形になるための条件およびその性質. 三角形の合同条件およびそ
の性質. 三角形の内角の和の性質. 円周角の定理. 弧と円周角の性質. 正三角
形になるための条件. 円に内接する四角形の性質.

∠BAC = α、∠CAD = βとすると、∠ACD = 2α、∠ACB = 2β.

①∠BAD + ∠BCD = α + β + 2α + 2β = 180°だから、α + β = 60°.

②DCの延長上に点Pをとり、CP = CBとすれば、DP = ACを示せばよい といえます. また∠BCD = 120°より、PとBを結べば、△CBPは正三 角形だから、CB = BP = PC、∠CBP = ∠CPB = ∠BCP = 60°.

③弧BADの中点をMとし、MとB, Dを結べば△MBDは正三角形だから、 MB = BD、∠MBD = 60°. また△BPD ≡ △BCMだから、DP = MC.

④△CAMにおいて、
∠CAM = ∠CBM =
60° + β、∠CMA =
∠CDA = 2β + α =
60° + βより、∠CAM
= ∠CMAだから、
△CAMは二等辺三角
形といえます.

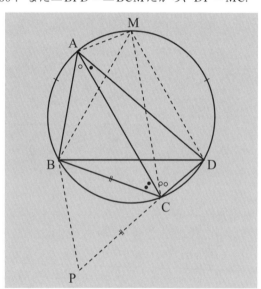

⑤AC = MC、および
MC = DP = DC + CP
= DC + BCより、
AC = BC + CD.

BC + CDは折れ線の長さなので、CPはそれを1本の線分DPの長さで表し 換えるための補助線です. △BPDと△BCAはこのままでは合同条件を満たす とはいえません. そこで△BPDと合同な三角形をつくり、DPを対応する辺に いったん移動し、移動した辺とACの関係を調べるという方法をとります. ∠DBP = ∠60° + ∠DBCと等しい角はBDに関してPと反対側に正三角形をつ くることによって得られます. そこで∠BAD = 60°を利用して弧BADの中点 Mをとるという発想が生まれます. このときBDに対応する辺もつくることが できます.

次の問題 83 を補助線を利用し証明してみてください.

問題
83

△ABC において、∠A = 90°、内心を I とする. BI の延長と AC との交点を D、CI の延長と AB との交点を E とする. △DIE の外接円と IA の延長との交点を P とする. このとき、AP = AI である.

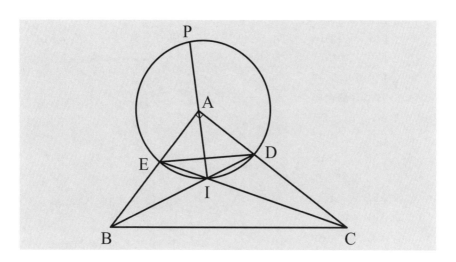

●━ **方針** ━━━━━━━━━━━━━━━━━━━━━━━━

△AEI と合同な三角形で、AP を 1 辺とし、AP と AI が対応する三角形を図のなかにつくることができないかと考えます. △AEI において、∠EAI = 45°、∠AIE = ∠ADI = $45° + \dfrac{1}{2}∠C$ であることがわかります. これをいとぐちとして考えます.

●━ **使用する主な性質** ━━━━━━━━━━━━━━━━━

三角形の外角とその内対角の和の性質. 円周角の定理. 等脚台形になるための条件. 対頂角の性質. 三角形の内角の和の性質. 円に内接する四角形の性質. 平行線になるための条件. 三角形の合同条件およびその性質.

● **解説**

　CAの延長と△DEIの外接円との交点をFとし、FとP、Eをそれぞれ結びます。

①四角形FEIPは円に内接するから、∠EIP =（∠EFPの外角）.

②△AICにおいて、∠EIP = ∠EIA = $45° + \dfrac{1}{2}∠C$.

③△DBCにおいて、$∠FDB = \dfrac{1}{2}∠B + ∠C = 45° + \dfrac{1}{2}∠C$ より、

　∠EIP = ∠FDB.

④∠FPI = ∠FDI = ∠FDB = ∠EIP =（∠EFPの外角）より、FE∥PI.

⑤これと∠FPI =
　∠EIPより四角形
　FEIPは等脚台形
　だから、EI = FP.

⑥∠FPA = ∠EIA、
　∠FAP = ∠DAI =
　45° = ∠EAIより、
　∠AFP = ∠AEI.

⑦△AFP ≡ △AEI
　だから、AP = AI.

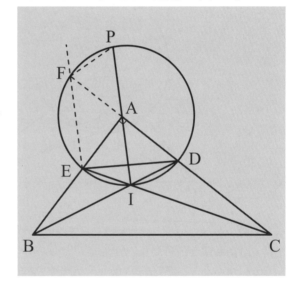

● **補助線**

　△AEIと合同な三角形をつくるために補助線がひかれています。∠DAI = 45°だから、DAを延長する補助線は自然とひかれて、△AEIと対応する三角形は、補助線FPを辺とする△AFPではないかと予想できます。△AEI ≡ △AFPを示すためには補助線EFが必要になります。EFをひくことにより等脚台形ができ、EIとFPがその等しい2辺となることにより合同であることを示すことができるからです。

次の問題84は線分の比の計算が少し複雑ですが、がんばって取り組んでみてください.

台形ABCDにおいて、AD∥BCとする. AB上の点EとCD上の点Fを、AE：EB＝CF：FDにとる. EFとAC、BDとの交点をQ、Pとする. このとき、PE＝QFである.

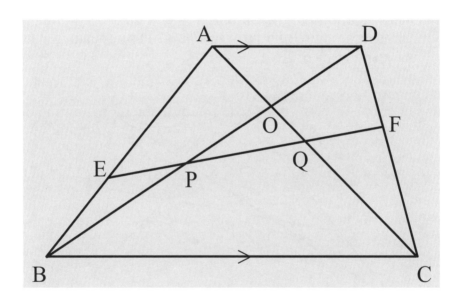

方針

線分EF上の点P、Qに関して、FP：PE＝EQ：QFであれば、（FP＋PE）：PE＝（EQ＋QF）：QFだから、PE＝QFといえます. 仮定や結論に使われている線分に関連づけて平行線をひいたり、線分の比の移動をして、EP：PFとFQ：QEをそれぞれADとBCで表せないかを考えます.

使用する主な性質

平行線と線分の比の性質. 平行線になるための線分の比の条件.

● 解説

Eを通りBDに平行にひいた直線とADの交点をRとし、RとFを結びます。

①AR：RD = AE：EB = CF：FD より、RF∥AC.

②△FERに着目します。RFと対角線BDの交点をXとすれば、
EP：PF = RX：XF.

③対角線ACとBDの交点をOとします。△DACに着目すると、RX：XF
= AO：OC. また△OADと△OCBに着目すると、AO：OC = AD：BC.

④REとACの交点をYとすれば、
FQ：QE = RY：YE = DO：OB = AD：BC.

⑤EP：PF = AD：BC = FQ：QEより、PF：EP = QE：FQ.

⑥ (PF + EP)：EP = (QE + FQ)：FQより、EF：EP = EF：FQ.
したがってPE = QFといえます。

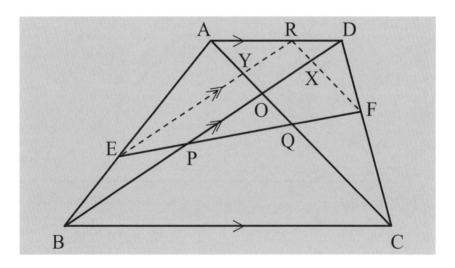

● 補助線

AE：EBの比を移動することにより、CF：FDの比のつながりができます。
そのためにEを通りBDに平行な線分ERが補助線として必要になります。そ
れによってRFは自然にひかれる補助線といえます。補助線ERとRFは、EP：
PFの比とFQ：QEの比それぞれをAD：BCの比に移動させるための仲介役を
担っています。

次の問題85を補助線を利用し証明してみてください.

2点A、Bで交わる2円C_1、C_2があり、Aにおける円C_1、C_2の接線と円C_2、C_1との交点をそれぞれC、Dとする. 3点A、C、Dを通る円C_3と直線ABとの交点をEとする. このとき、AB＝BEである.

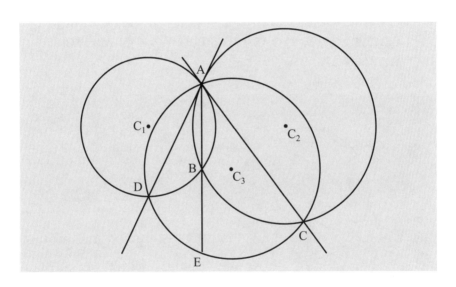

● **方針**

2円の共通弦は中心線により垂直に2等分されるという性質を利用するのではないかと予想できます. AB、BEが対応する合同な三角形をつくることができればよいといえます.

● **使用する主な性質**

円の半径と接線の性質. 共通弦と中心線の性質. 平行線になるための条件. 平行四辺形の対角線の性質. 中点連結の定理. 直角三角形の合同条件およびその性質.

● 解説

補助線C_1A、C_2Aをひき、また中心線C_1C_2、C_1C_3、C_2C_3をひきます.

①$AD \perp C_1C_3$、$AD \perp AC_2$より、$C_1C_3 /\!/ AC_2$.   (1)

②$AC \perp C_2C_3$、$AC \perp AC_1$より、$C_2C_3 /\!/ AC_1$.   (2)

③ (1)、(2)より、四角形$AC_1C_3C_2$は平行四辺形だから、AC_3とC_1C_2の交点をPとすれば、$AP = PC_3$.

④C_1C_2はABを垂直に2等分するので、その交点をQとすれば、$AQ = QB$だから、C_3とBを結べば、$PQ /\!/ C_3B$.

⑤$\angle ABC_3 = \angle AQP = 90°$より、$\angle EBC_3 = 90°$.

⑥$\triangle C_3AB$と$\triangle C_3EB$において、$C_3A = C_3E$、$\angle ABC_3 = \angle EBC_3 = 90°$、$C_3B$は共通だから、$\triangle C_3AB \equiv \triangle C_3EB$といえるので、$AB = EB$.
したがって$AB = BE$.

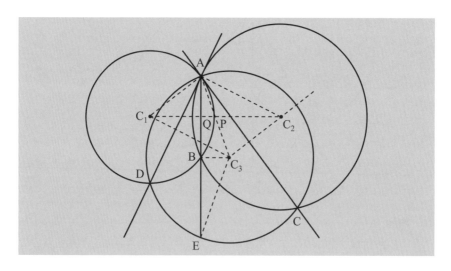

● 補助線

AB、BEが対応する合同な三角形となりそうな三角形をつくるのに、C_3とA、E、Bをそれぞれ結ぶ補助線が考えられます. $C_3A = C_3E$、C_3Bは共通となるからです. これにより$AB \perp BC_3$を示せばよいといえます. そのためには、$PQ /\!/ C_3B$を示します. 中点連結の定理を利用するために、平行四辺形をつくるための補助線をひき、また2円の中心線をひいています.

次の問題86を補助線を利用し証明してみてください.

問題 86

> 円Oの2つの弦ADとBCは平行とする. 弧AD上の点をR
> とし、RCとAD、BDとの交点をE、Qとする. またBR上
> の点をSとし、ES∥BDとする.
> このとき、∠DAQ＝∠BDSである.

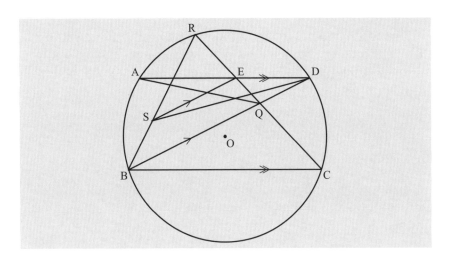

● **方針**

　∠BDSを内角とする△BDSと相似な三角形をこの図の中につくることがで
きないかと考えます. ∠DAQを内角とする三角形が図の中にありますが、
△BDSと相似となるための条件を満たすかどうかがこの時点でははっきりし
ません. そこで図の中に新しくつくる必要があります. そこでEからQAに平
行な直線をひき∠DAQを移動し、その移動した角を含む三角形に着目してみ
ます.

● **使用する主な性質**

　円周角の定理. 平行線の同位角および錯角の性質. 三角形の相似条件および
その性質. 平行線と線分の比の性質.

● 解説

①AD∥BCより、∠REA＝∠RCBだから、RとDを結べば、

　∠REA＝∠RCB＝∠RDB．またRとAを結べば、∠RAD＝∠RBD．

②△RAE∽△RBDより、RA：RB＝AE：BD．

③EからQAに平行な直線をひき、ARとの交点をFとすれば、

　∠AEF＝∠EAQ．

④AF：FR＝QE：ER．QE：ER＝BS：SRより、AF：FR＝BS：SR．

⑤ $\dfrac{AR}{BR}＝\dfrac{AF}{BS}$、$\dfrac{AR}{BR}＝\dfrac{AE}{BD}$ より、$\dfrac{AF}{BS}＝\dfrac{AE}{BD}$．

⑥△FAEと△SBDにおいて、∠FAE＝∠RAD＝∠RBD＝∠SBD、

　AF：BS＝AE：BDより、△FAE∽△SBDだから、∠FEA＝∠SDB．

⑦これと∠DAQ＝∠FEAより、∠DAQ＝∠BDSといえます．

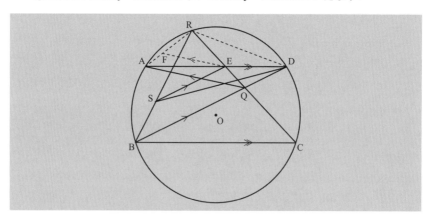

● 補助線

　∠SBD＝∠RBDは弧DRに対する円周角とみることができるので、補助線ARをひくことにより∠SBDと大きさが等しい円周角である∠RADをつくることができます．△SBDと相似な三角形で、∠BDSと∠DAQが対応する三角形はこのままでは見あたらないので、つくる必要があります．∠DAQ＝∠BDSが成り立つとしてみます．∠DAQを∠RADに関係づけるために、Eを通りQAに平行な直線をひき、ARとの交点をFとすれば、△FAEは△SBDと相似になるはずです．そこで△FAEと△SBDに着目して、2つの三角形が相似になるための条件を探します．それには補助線DRを必要とします．

次の問題87を補助線を利用し証明してみてください.

問題
87

△ABCは鋭角三角形で、その外接円の中心をOとする.
AC上に点DをAD：DC＝1：2にとる.　AOの延長とBC、
△OBCの外接円との交点をS、Fとする.　DOの延長とBC
との交点をEとする.　このとき、DO＝OEならば、OF＝
2AOである.

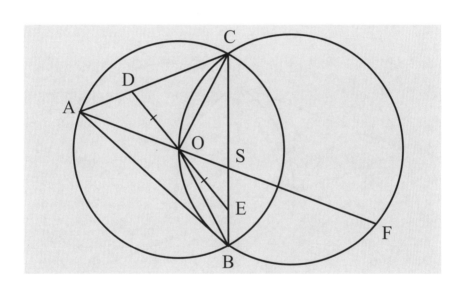

● **方針**

中点連結の定理を表す図の一部が含まれています.　△DECとDEの中点O
です.　これを復元すると、AOとOSとの関係がわかります.　OS：OFの比を
別の線分の比で表せないかを考えます.

● **使用する主な性質**

中点連結の定理.　平行線と線分の比の性質.　二等辺三角形の性質.　円周角の
定理.　三角形の相似条件およびその性質.

● **解説**

DCの中点をGとし、OとGを結びます.

①△DECにおいて、DO = OE、DG = GCより、OG∥ECだから、
AO : OS = AG : GC = 2 : 1、AO = 2OS.

②BとFを結びます. OB = OCより、∠OFB = ∠OCB = ∠OBC = ∠OBS.

③△OBFと△OSBにおいて、∠OFB = ∠OBS、∠BOF = ∠SOBは共通
だから、

△OBF∽△OSBとなり、OS : OB = OB : OF、$OB^2 = OS \cdot OF$.

④OB = OA、AO = 2OSより、$OA^2 = \dfrac{1}{2} OA \cdot OF$、OA>0だから、

OF = 2AO.

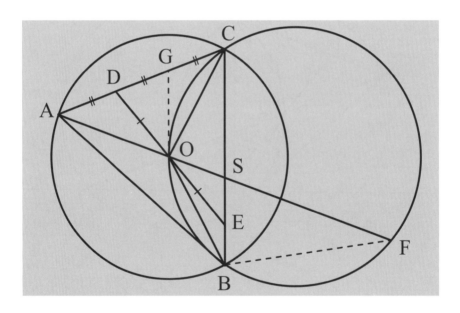

● **補助線**

DCの中点Gをとり、OとGを結ぶ補助線OGをひけば、中点連結の定理が
利用できるようになります. これによりAOとOSの関係をつくることができ
ます. 補助線BFは、円周角をつくるとともに、△OBSと相似な三角形もつく
り、OSとOFとを結びつけます.

次の問題88を補助線を利用し証明してみてください.

　　２つの円OとCがあり、円Cは円Oの中心Oを通り、２点A、Bで交わるとする. 円Oの弧AB上の点Pを通る円Cの弦をBE、ADとする. DE、AP、BPの中点をそれぞれN、L、Mとする. このとき、NL＝NMである.

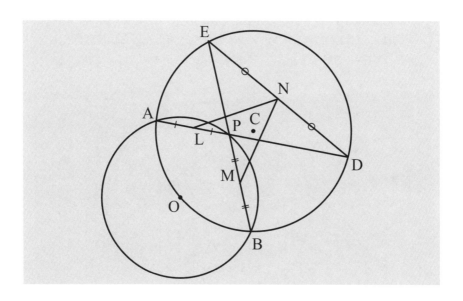

●─ **方針**

　図の形からみると、△ELDと△EMDがともに直角三角形のように見えます. この２つの三角形が直角三角形だとしたら、NL＝NMといえます. ∠ELD＝90°、∠EMD＝90°を示すことができるかどうかを考えます.

●─ **使用する主な性質**

　二等辺三角形の性質およびその逆. 円に内接する四角形の性質. 三角形の合同条件およびその性質. 直角三角形の中線の性質.

● 解説

中心OとA、E、P、D、Bそれぞれとを結び、AとE、BとDを結びます.

① 四角形EAOBは円に内接することから、∠EAO + ∠EBO = 180°.

② ∠EBO = ∠PBO = ∠BPO、∠EPO + ∠BPO = 180° より、
∠EAO = ∠EPO.

③ ∠OAP = ∠OPAより、∠EAP = ∠EPAだから、EA = EP.

④ △EAO ≡ △EPOより、∠AEO = ∠PEO.

⑤ APとEOの交点をXとすれば、△EAX ≡ △EPXより、AX = PXだから、
XとLは一致します. したがって∠ELP = 90°といえます.

⑥ △ELDは∠ELD = 90°の直角三角形だから、NL = EN.

⑦ 同様に、△EMDも∠EMD = 90°の直角三角形だから、NM = EN.

⑧ NL = EN、NM = EN より、NL = NMといえます.

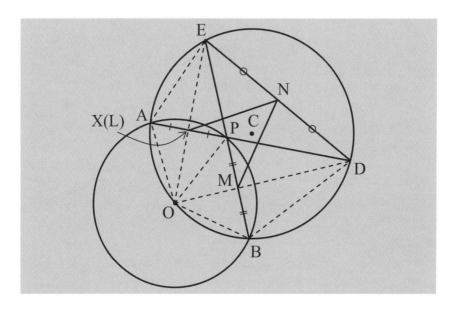

● 補助線

EOとDOが重要な役割を担う補助線となります. この補助線がAP、BPをそれぞれ垂直に2等分することが示せれば、解決のいとぐちを見いだすことができるからです. その他の補助線はそれを示すために必要とされる線です.

第2章

補助線・補助円

　ここでは問題を解決する場合に補助線や補助円を必要とする問題を扱います.

　第2章の問題を補助線・補助円を利用し証明してみてください. みなさんなら補助線・補助円をどのように利用して解決しますか. 次の問題1を補助線や補助円を利用し証明してみてください.

> **問題 1**
>
> 半円Oの周上の点を左からA、Bとし、弦ABの中点をMとする. Aから直径に対して垂線をひき、その交点をPとする. このとき、∠AOB = 2∠APMである.

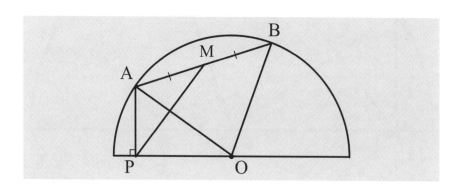

● **方針**

円の弦に応じたきまった補助線を利用するのではないかと予想できます.

● **使用する主な性質**

三角形の合同条件およびその性質. 四角形が円に内接する条件（または4点が同一円周上にあるための条件）. 円周角の定理.

解説

O と M を結びます.

①△OMA と△OMB において、OA = OB、AM = BM、OM は共通だから、
△OMA ≡ △OMB といえ、∠AMO = ∠BMO = 90°.

②∠BMO = ∠APO = 90° より、四角形 APOM は円に内接します.
(P が O の右側にくるときは、4 点 A、O、P、M が同一円周上)

③∠APM = ∠AOM = $\dfrac{1}{2}$∠AOB だから、∠AOB = 2∠APM.

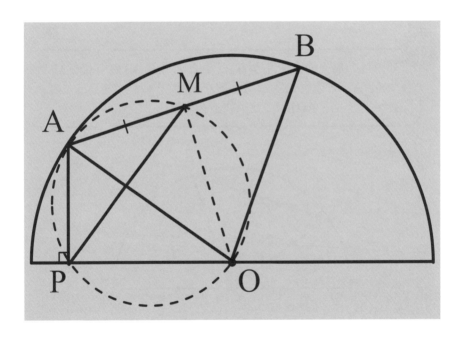

補助線・補助円

O と M を結ぶ線分は、図形に応じたきまった補助線です. これによって合同な三角形がつくられ、四角形が円に内接する条件が満たされます. 補助円をかくことにより、∠APM と∠AOM は共通の弧に対する円周角とみることができるようになります.

次の問題 2 を補助線や補助円を利用し証明してみてください.

半径が等しい 2 つの円を P、Q とする. P と Q は 2 点 A、B で交わり、QA の延長と円 P との交点を C とする. このとき、CB は∠PCQ を 2 等分する.

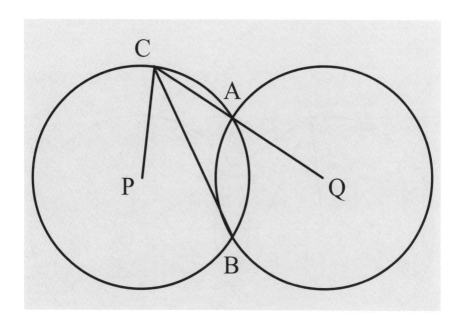

● **方針**

2 円が交わる図形に応じたきまった補助線を利用します.　∠BCP ＝∠BCQ を示します.

● **使用する主な性質**

円周角と中心角の性質.　三角形の合同条件およびその性質.　二等辺三角形の性質.　4 点が同一円周上にあるための条件.　円周角の定理.

● 解説

中心線PQをひき、4点A、P、B、Qを順に結びます.

①△APQ≡△BPQだから、∠APQ＝∠BPQ.

②∠ACB＝$\frac{1}{2}$∠APB＝∠BPQより、∠BCQ＝∠ACB＝∠BPQだから、

4点C、P、B、Qは同一円周上にあるといえるので、∠BCP＝∠BQP.

③△BPQは二等辺三角形だから、∠BPQ＝∠BQP.

④∠BCQ＝∠ACB＝∠BPQ、∠BCP＝∠BQP＝∠BPQより、

∠BCP＝∠BCQだから、CBは∠PCQを2等分するといえます.

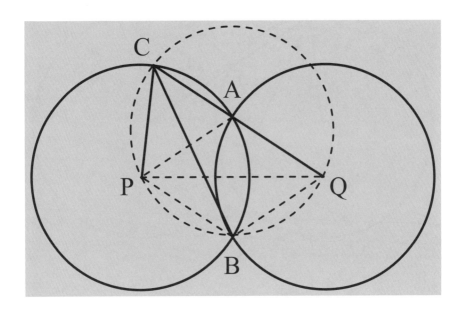

● 補助線・補助円

仮定から自然にひかれる補助線がPQ、そして円の中心と2円の交点を結ぶ補助線です. これにより∠APBは円Pの中心角とみなせるので、∠ACBとのつながりができ、同一円周上にある4点が見えてきます. また二等辺三角形や合同な三角形がはめ込まれた図形が完成しています.

　次の問題 3 は補助線や補助円を利用せずに証明できますが、ここでは補助線
や補助円を利用し証明してみてください.

問題
3

> △ABCにおいて、∠A = 90°、AB = ACとする. ACの延長
> 上に点Dをとり、BC = CDとする. またBDの中点をMと
> する. このとき、∠AMB = 45°である.

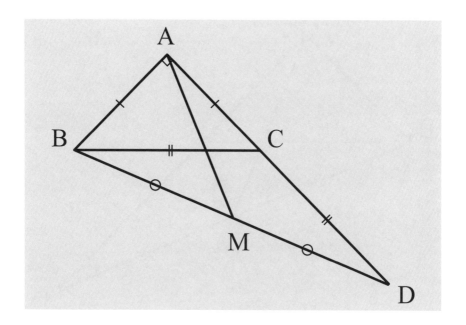

● **方針**

　△CBDとBDの中点Mに着目します. また円に内接する四角形を探します.

● **使用する主な性質**

　二等辺三角形の性質. 三角形の合同条件およびその性質. 四角形が円に内接
する条件. 円周角の定理. 三角形の内角の和の性質.

解説

①△CBDが二等辺三角形であることから、CとMを結ぶと、
 △CMB ≡ △CMD より、∠CMB = ∠CMD = 90°.

②∠A = ∠CMD = 90°より、四角形ABMCは円に内接するといえます.
 したがって∠AMB = ∠ACB = 45°.

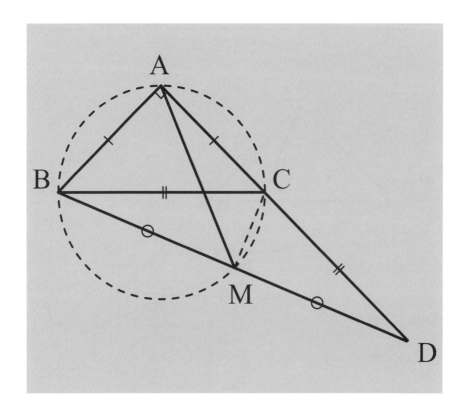

補助線・補助円

CとMを結ぶ補助線CMは二等辺三角形CBDを2つの合同な三角形に分割する役割をもち、二等辺三角形に応じたきまった補助線です. これにより、補助円をかくことができる条件が満たされます.

次の問題4を補助線や補助円を使って証明してみてください.

問題
4

△ABCにおいて、AB＝ACとする．△ABCの外側に点D
をとり、∠BAC＝2∠BDCとするならば、AC＝ADである.

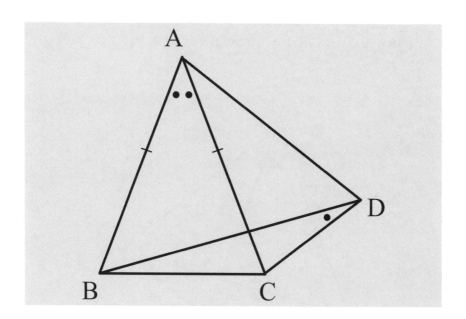

● **方針**

AD＝ACであるためには、∠ACD＝∠ADCを示すか、∠ABD＝∠ADBを
示すかのどちらかが考えられます．二等辺三角形に応じたきまった補助線が役
立ちます.

● **使用する主な性質**

二等辺三角形になるための条件．三角形の合同条件およびその性質．円周角
の定理およびその逆.

∠Aの二等分線とBDの交点をPとし、PとCを結びます.

①△APBと△APCにおいて、AB = AC、∠PAB = ∠PAC、APは共通
だから、△APB ≡ △APCといえるので、∠ABP = ∠ACP.　　　　　(1)

②PCに関して、∠PACと∠PDCは同じ側にあり、等しいことから、4点A、
P、C、Dは同一円周上にあります.

③（1）、∠ADP = ∠ACPより、∠ABD = ∠ABP = ∠ACP = ∠ADP =
∠ADBだから、△ABDは二等辺三角形といえます.

④AB = AD、AB = ACより、AC = ADといえます.

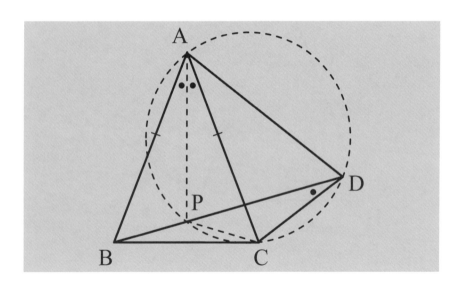

● 補助線・補助円

二等辺三角形に応じたきまった補助線である頂角の二等分線は、合同な三角
形をつくる役割を担っています. さらに頂角の二等分線上に定点がある場合に
はその点と底辺の両端とを結ぶ補助線も合同な三角形をつくるための辺になっ
ています. この補助線もよく利用されます. 補助線が追加された図形は補助円
をかくことができるための条件を満たしています.

次の問題5を補助線や補助円を利用し証明してみてください.

△ABCの重心をGとする．∠CAG = ∠CBG = ∠ACG
ならば、△ABCは正三角形である.

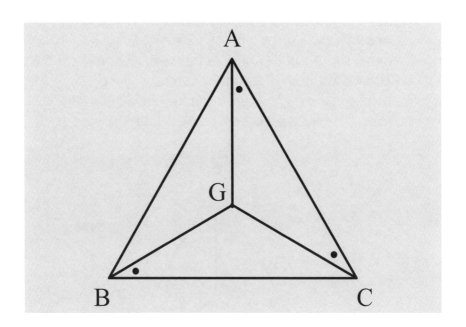

●— **方針** —

　△ABCが正三角形であることを示すには、3つの内角が等しいことを示せ
ばよいといえます．たとえば∠A = ∠Bを示し、次に∠B = ∠Cを示します.

●— **使用する主な性質** —

　二等辺三角形になるための条件．中点連結の定理．平行線の錯角の性質．円
周角の定理およびその逆．三角形の合同条件およびその性質．正三角形になる
ための条件.

● **解説**

　BG、AG、CGそれぞれの延長とCA、BC、ABとの交点D、E、Fは各辺の中点です.

①補助線DEをひけば、∠DAE＝∠DBEより、4点A、B、E、Dは同一円周上にあることから、∠BAE＝∠BDE.

②DE∥ABより、∠BDE＝∠ABDだから、∠A＝∠CAE＋∠BAE＝∠CBG＋∠BDE＝∠CBD＋∠ABD＝∠B. したがって∠A＝∠B.

③△ACF≡△BCFだから、∠ACF＝∠BCF.

④∠GBC＝∠GCA＝∠GCBより、GB＝GC.

⑤△GEB≡△GECより、∠BGE＝∠CGEだから、∠AGB＝∠AGC.

⑥△AGB≡△AGCだから、∠ABG＝∠ACG.

⑦∠B＝∠ABG＋∠CBG＝∠ACG＋∠BCG＝∠Cより、∠B＝∠C.

⑧したがって∠A＝∠B＝∠Cより、△ABCは正三角形といえます.

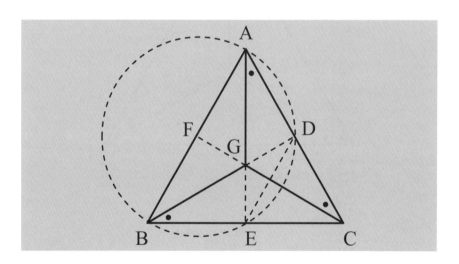

● **補助線・補助円**

　AG、BG、CGは中線の一部なので、それらを延長して中線として利用するために、GE、GD、GFは自然にひかれる補助線といえます. 中点DとEを結ぶ補助線により、補助円がかけるための条件を満たすことができます. またDEはABに平行であり、∠BDEを移動する役割も担います.

次の問題 6 を補助線や補助円を利用し証明してみてください.

△ABCにおいて、∠A = 90°とし、内心をIとする. また CIの延長とABとの交点をDとし、Dを通りBIに平行な直線とACとの交点をFとする. このとき、FI⊥DCであり、 DI = FIである.

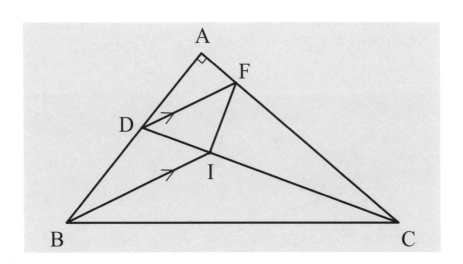

● **方針**

　FI⊥DCとすれば、∠A + ∠DIF = 180°であるはずです. 点Iが内心であることから、∠DIB = 45°であることがわかります. これをもとに図形のもつ性質を調べます.

● **使用する主な性質**

　三角形の外角と内対角の和の性質. 平行線の錯角の性質. 三角形の内角の和の性質. 円周角の定理およびその逆. 円に内接する四角形の性質. 二等辺三角形になるための条件.

●─ 解説

　内心の定義から、BI、CIはともに∠B、∠Cそれぞれを2等分して
います.

①△IBCにおいて、∠DIB = ∠IBC + ∠ICB = $\dfrac{1}{2}$(∠B + ∠C) = 45°.

②AとIを結ぶ補助線をひけば、∠DAI = ∠FAI = 45°.

③DF∥BIより、∠DIB = ∠FDI = 45°.

④∠FDI = ∠FAI = 45°より、4点A、D、I、Fは同一円周上にあります.

⑤四角形ADIFは円に内接することから、∠A = 90°より、∠FIC = 90°
　　だから、FI⊥DCといえます.

⑥∠FDI = 45°、∠DFI = ∠DAI = 45°より、DI = FIといえます.

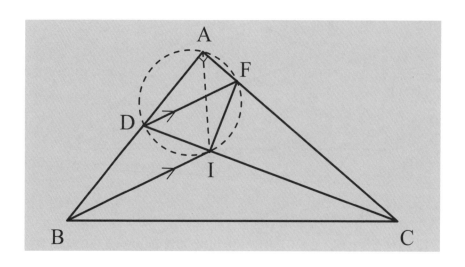

●─ 補助線・補助円

　内心の定義から自然にひかれたのが補助線AIです．この補助線が追加され
たことにより、4点が同一円周上にあるための条件が出現し、補助円をかくこ
とができます．補助円をかくことができるための条件を探すことがこの問題の
ポイントといえます.

次の問題 7 は補助円を使用しないでも証明することができますが、ここでは補助円を利用し証明してみてください.

問題 7

△ABCにおいて、∠B = 2∠Cとし、BCの中点をMとする.
∠AMB + ∠ACB = 90°ならば、∠BAC = 90°である.

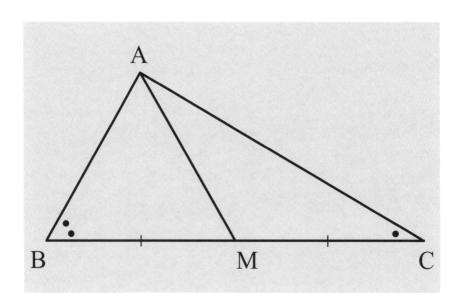

― 方針 ―

∠BAC = 90°とするならば、AM = BM = MCより、∠MAC = ∠MCAのはずです. すると∠MACは∠Bの二等分線によりつくられる角と等しくなるはずです.

― 使用する主な性質 ―

二等辺三角形になるための条件. 三角形の合同条件およびその性質. 円周角の定理の逆. 円に内接する四角形の性質.

解説

∠Bの二等分線とACとの交点をNとします.

① NとMを結べば、△NMB ≡ △NMCより、∠NMB = ∠NMC = 90°.

② ∠AMB + ∠AMN = 90°、∠AMB + ∠ACB = 90°より、∠AMN = ∠ACB = ∠ABNだから、4点A、B、M、Nは同一円周上にあります.

③ 四角形ABMNは円に内接することから、∠A = ∠NMC = 90°といえます.

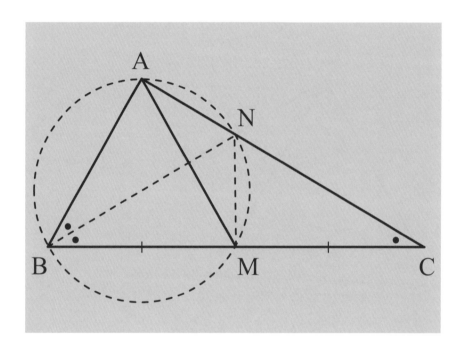

補助線・補助円

BNは∠B = 2∠Cである三角形にはよく利用される補助線といえます. Mが中点だから、NMは二等辺三角形に応じたきまった補助線です. 直角をつくったり、∠ABNと等しい角である∠AMNをつくり、また補助円がかけるための条件をつくる役割を担っています. 補助円がかけることによって結論が得られます.

次の問題8を補助線や補助円を使って証明してみてください.

問題
8

△ABCにおいて、∠B＝2∠Cとする．BC上に点DをAB ＝CDにとるとき、∠BAD＝∠Cならば、∠C＝36°である．

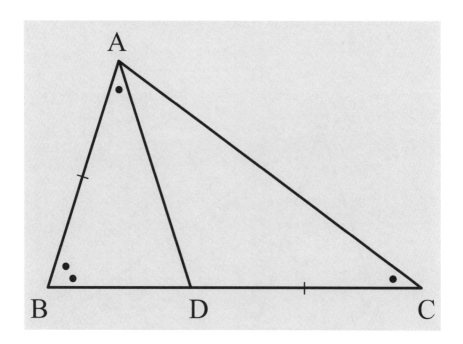

● **方針**

　点DはBCの中点ではありませんが、補助線のひき方は前問と同じです．

● **使用する主な性質**

　二等辺三角形になるための条件．三角形の外角とその内対角の和の性質．三角形の合同条件およびその性質．四角形が円に内接するための条件．円周角の定理.

解説

∠Bの二等分線をひき、ACとの交点をEとします. ∠C = α とします.

①△EBCは二等辺三角形だから、∠BEA = 2α.

②△ABEと△DCEにおいて、∠ABE = ∠DCE、AB = DC、BE = CEより、△ABE ≡ △DCEだから、∠CED = ∠BEA = 2α.

③∠CED = ∠ABD = 2α より、四角形ABDEは円に内接することから、∠BED = ∠BAD = α.

④∠AEB + ∠BED + ∠DEC = $2\alpha + \alpha + 2\alpha$ = 180°だから、α = 36°.

したがって∠C = α = 36°.

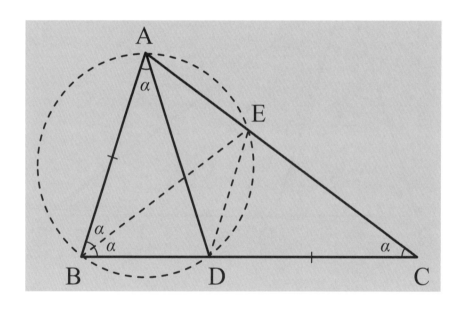

補助線・補助円

補助線BEとEDにより、合同な三角形を追加することができ、先がみえるようになります. つまり∠B = 2∠Cの図形には、∠Bの二等分線が補助線として有効ということです. できた図形のもつ性質から補助円がかける条件が満たされます.

次の問題 9 を補助線や補助円を利用し証明してみてください.

問題
9

四角形ABCDにおいて、AB = BC = CD、∠C = 2∠A
ならば、∠ADB = 30°である.

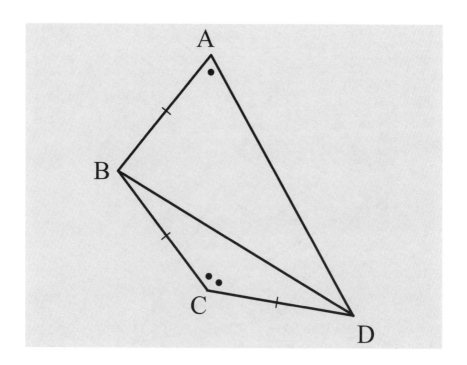

●― **方針** ―

　BDに関して∠BCDと∠BADが反対側にあります.　∠BCDが∠BADと同
じ側にあるとすればどんなことがいえるかを考えます.

●― **使用する主な性質** ―

　円周角と中心角の性質およびその逆.　正三角形の性質.

● 解説

　BDを軸として、△CBDを対称移動した△OBDをつくります.

①△ABDにおいて、AとOがBDに関して同じ側にあり、∠BOD = 2∠BAD、OB = ODだから、Oは△ABDの外接円の中心といえます.

②OA = OB = CB = ABより、△OABは正三角形だから、∠AOB = 60°.

③∠ADB = $\dfrac{1}{2}$∠AOB = 30°.

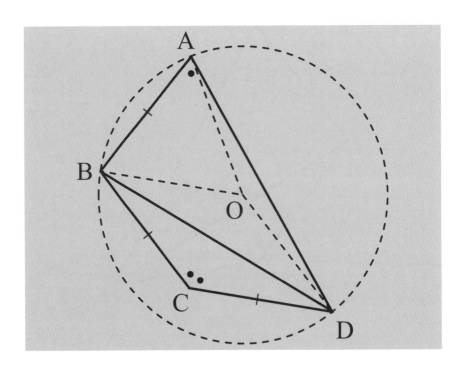

● 補助線・補助円

　△CBDを対称移動すると、頂点Cの移動先である点Oが補助円、すなわち△ABDの外接円の中心といえます. 中心Oと円周上の点A、B、Dを結ぶ補助線は、円周角に対応する中心角をつくり、また正三角形や合同な二等辺三角形がはめ込まれた図形をつくっています.

　次の問題10は問題9に類似した問題です．補助線や補助円を利用し証明してみて下さい．

四角形ABCDにおいて、BC = 2AB、∠BCD = ∠BAD、∠BDC = 90°ならば、∠ADB = 30°である．

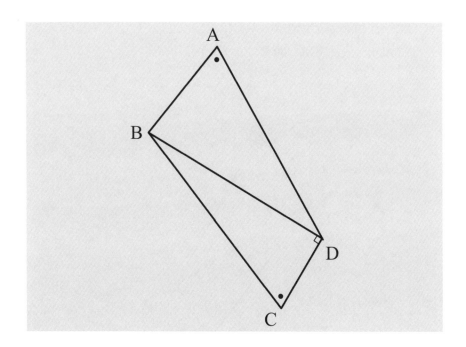

● **方針** ─────────────────────────────────

　問題9の証明を参考にして、利用する補助線や補助円を考えます．

● **使用する主な性質** ─────────────────────────

　円周角と中心角の性質およびその逆．二等辺三角形の性質．三角形の外角とその内対角の和の性質．直角三角形の中線の性質．正三角形の性質．

解説

①BCの中点をMとし、MとDを結べば、DM = BM、∠BMD = 2∠C.

②MのBDに関しての対称点をOとすれば、△BMD ≡ △BODだから、
∠BOD = ∠BMD.

③∠BMD = 2∠C、∠C = ∠Aだから、∠BOD = 2∠A.

④△ABDにおいて、AとOはBDに関して同じ側にあり、∠BOD = 2∠A、
OB = ODだから、Oは△ABDの外接円の中心といえます.

⑤Oを中心とし、△ABDの外接円をかけば、OA = OB = BM = ABより、
△OABは正三角形だから、∠AOB = 60°.

⑥∠ADB = $\frac{1}{2}$∠AOB = 30°といえます.

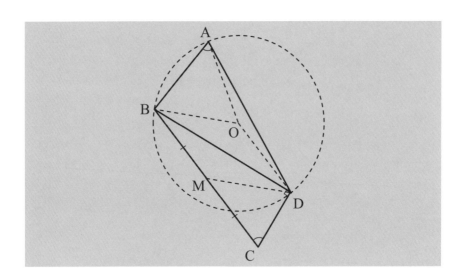

補助線・補助円

DMは直角三角形に応じたきまった補助線なので、自然にひかれます. これ
により∠BMD = 2∠Cがつくれます. ∠C = ∠Aであることから、∠BMDを
BDに関して反対側に対称移動すると、∠Aと∠BODを関係づけることができ、
補助円をかくことができます.

次の問題 11 を補助線や補助円を利用し証明してみてください.

△ABC において、∠B = 30°、∠C = 40° とする. BC 上の点 D を ∠ADC = 80° にとれば、BD = AC である.

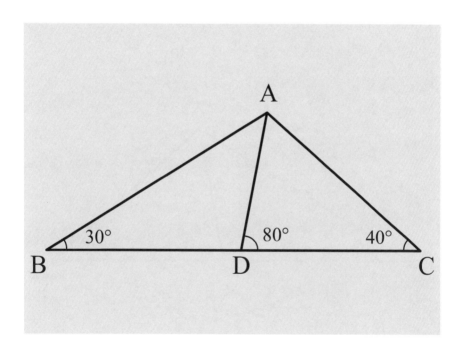

●━ **方針** ━━━━━━━━━━━━━━━

　∠CAD = 60° を利用するために、この図のなかに正三角形をつくります.
∠ABC = 30° との関係に着目します.

●━ **使用する主な性質** ━━━━━━━━━

　円周角と中心角の性質およびその逆. 二等辺三角形の性質およびその逆.
三角形の内角の和の性質. 正三角形になるための条件. 対頂角の性質.

● 解説

①∠CAD = 60°より、ADの延長上にAO = ACである点Oをとり、OとC
を結べば、△AOCは正三角形といえます.

②△ABCにおいて、∠AOC = 2∠ABC、OA = OCより、Oは△ABCの
外接円の中心といえ、OB = OA = OC.

③△BODにおいて、∠BDO = ∠ADC = 80°、∠BOD = ∠BOA =
2∠ACB = 80°より、△BODは二等辺三角形だから、BD = BO.

④BD = BO、BO = OC、OC = ACより、BD = ACといえます.

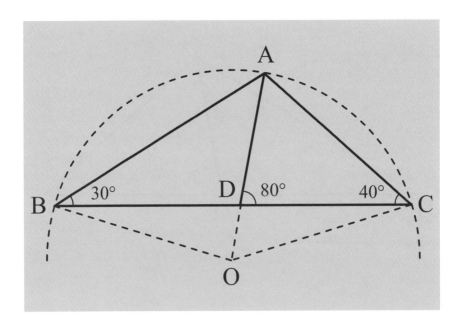

● 補助線・補助円

∠CAD = 60°より、ADの延長上に点OをAC = AOにとり、OとCを結ぶ補
助線は、正三角形をつくるためによく利用されます. これにより、∠ABCと
∠AOCとのつながりができ. 点Oを中心とする△ABCの外接円を補助円とし
てかくことができます.

次の問題12を補助線や補助円を利用し証明してみてください.

四角形ABCDにおいて、BC = BD、∠ABD = 2∠ACD
ならば、AB = DBである.

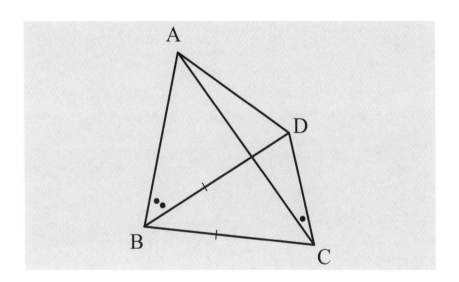

●── **方針**
　∠BAD = ∠BDAであることを示します. △BCDが二等辺三角形であるか
ら二等辺三角形に応じたきまった補助線を利用するのではないかと予想されま
す. ∠ABDと大きさが等しい角をADに対して同じ側につくれないかを考え
ます.

●── **使用する主な性質**
　二等辺三角形になるための条件. 三角形の合同条件およびその性質. 三角形
の外角とその内対角の和の性質. 円周角の定理およびその逆. 円に内接する四
角形の性質. 対頂角の性質.

●─ 解説 ────────────────────────────────

∠DBCの二等分線とAC、DCとの交点をP、Eとします.

①△BEC ≡ △BED より、∠BEC = ∠BED = 90°、CE = DE.

②PとDを結ぶ補助線をひけば、△PCE ≡ △PDE より、∠PCD = ∠PDC.
　△PCDは二等辺三角形だから、∠APD = 2∠ACD.

③∠ABD = 2∠ACD = ∠APD より、4点A、B、P、Dは同一円周上に
　あるといえます.

④四角形ABPDは円に内接するので、∠BAD = ∠DPE = ∠CPE.

⑤∠CPE = ∠BPA = ∠BDAより、∠BAD = ∠BDAだから、AB = DBと
　いえます.

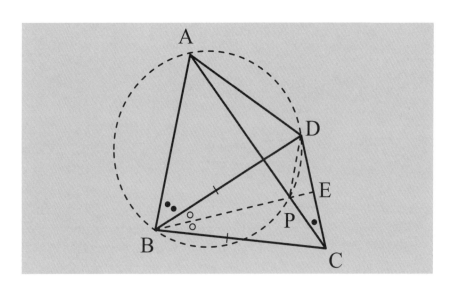

●─ 補助線・補助円 ──────────────────────────

∠ABD = 2∠ACD より、2∠ACD と大きさが等しい角をつくります. その
ために二等辺三角形の頂角の二等分線とPDが補助線として必要になります.
その結果として∠ABDと等しい∠APDをつくることができ、補助円をかくこ
とができる条件が満たされます.

次の問題13を補助線や補助円を利用し証明してみてください.

問題 13

> ひし形ABCDにおいて、辺BC上の点をEとする. EにおけるAEに垂直な直線と、CにおけるACに垂直な直線との交点をFとするならば、AE：EF＝BD：ACである.

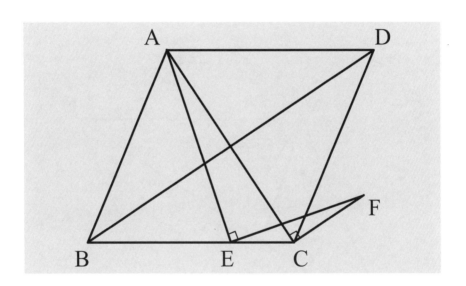

● 方針

対角線の交点をOとします. BD：ACの比は交わる2つの線分の比で扱いにくいのですが、ひし形の性質から、BD：AC＝2BO：2OC＝BO：OCだから、AE：EF＝BO：OCであることを示せばよいといえます. ∠AEF＝∠ACF＝90°に着目します.

● 使用する主な性質

円周角の定理およびその逆. 三角形の相似条件およびその性質. ひし形の対角線の性質.

●— 解説

①AとFを結ぶ補助線をひきます．EとCはAFに関して同じ側にあり、
∠AEF = ∠ACF = 90°より、4点A、E、C、Fは同一円周上にあるとい
えます．

②ひし形ABCDの対角線の交点をOとします．△BOCと△AEFにおいて、
∠BCO = ∠ACE = ∠AFE、∠BOC = ∠AEF = 90°より、△BOC ∽
△AEFだから、BO : OC = AE : EF.

③BO : OC = 2BO : 2OC = BD : ACより、AE : EF = BD : ACといえます．

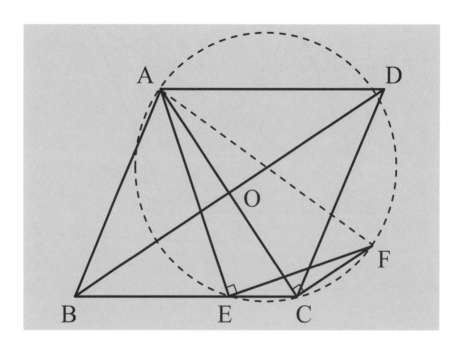

●— 補助線・補助円

∠AEF = ∠ACF = 90°より、補助線AFは自然にひくことができると思います．
それによって4点を通る補助円をかくことができるからです．また補助線AF
をひくことにより、相似になると思われる2つの三角形に気づくこともできま
す．

次の問題14を補助線・補助円を利用し証明してみてください．補助線を使う必要はないかもしれません．

> **問題 14**
>
> △ABCにおいて、∠A＜90°、AB＜ACとする．AB上に点EをとりAB⊥CEとする．またCA上に点DとりAC⊥BDとする．CE上に点QをとりAB＝CQとする．BDの延長上に点PをとりAC＝BPとする．このとき、AP⊥AQ、AP＝AQである．

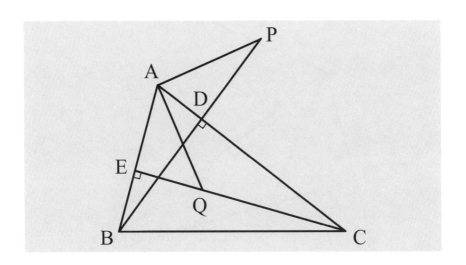

方針

AP＝AQであるとすれば、△ABP≡△QCAであることが予想されます．そのためには∠ABP＝∠QCAがいえるかどうかを考えてみます．

使用する主な性質

円周角の定理およびその逆．三角形の合同条件およびその性質．三角形の内角の和の性質．対頂角の性質．

解説

① ∠BEC = ∠BDC = 90°より、4点B、E、D、Cは同一円周上にあると
いえるので、∠EBD = ∠ECD.   (1)

② △ABPと△QCAにおいて、(1)、AB = QC、BP = CAより、
△ABP ≡ △QCAだから、AP = AQといえます。

③ △ABP ≡ △QCAより、∠QAC = ∠APB. また∠ADP = 90°より、
∠PAQ = ∠QAC + ∠CAP = ∠APB + ∠CAP = 90°だから、AP⊥AQ
といえます。

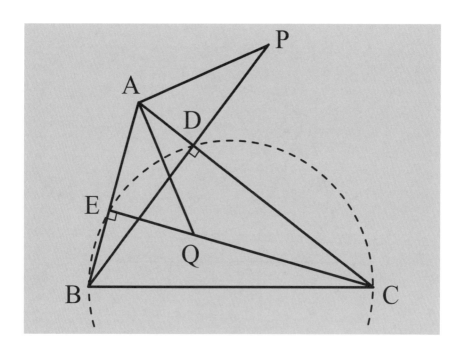

補助円

　この問題では補助"線"は使いません。仮定から4点が同一円周上にあるた
めの条件が与えられています。その円を補助円として利用します。補助円を追
加した図形のもつ性質を探せば結論を得ることができます。

次の問題15を補助線や補助円を利用し証明してみてください

問題
15
　正三角形ABCにおいて、BC上の点をEとする．Eにおけ
るAEと60°の角をなし辺ACと交わる直線と、∠Cの外角の
二等分線との交点をFとする．このとき、AE＝EFである．

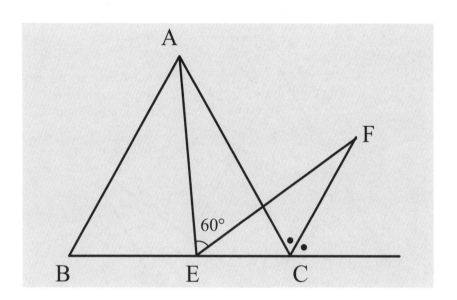

● **方針**

　AE＝EFを示すには、何がいえればよいかを考えます．（∠Cの外角）＝120°
より、（∠Cの外角）の二等分線は、∠AEF＝60°と等しい角をつくります．図
形のもつ性質を探します．

● **使用する主な性質**

　正三角形の性質．円周角の定理およびその逆．三角形の内角の和の性質．
二等辺三角形になるための条件．

● **解説**

①△ABCは正三角形だから、∠Cの外角は120°.

②AとFを結ぶ補助線をひけば、∠ACF = ∠AEF = 60°より、
4点A、E、C、Fは同一円周上にあるといえます.

③∠EFA = ∠ECA = 60°、∠AEF = 60°だから、∠EAF = 60°.

④∠EAF = ∠EFA = 60°より、△EAFは二等辺三角形だから、AE = EF
といえます.

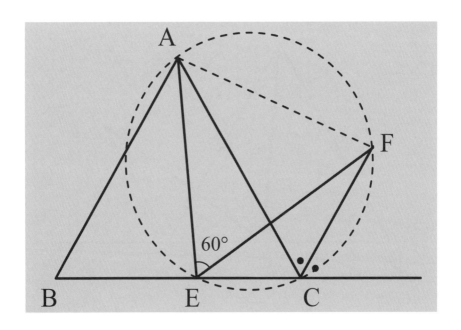

● **補助線・補助円**

補助線AFは自然にひくことができると思います. AE = EFを示すことは、
△EAFが二等辺三角形であることを示すことに置き換えられるからです.
∠AEF = ∠ACF = 60°だから、補助線AFをひくことにより、4点を通る補助
円がかける条件が満たされます. ∠EFAはその円の円周角とみることができ、
∠ECAに移動することができるようになります.

次の問題 16 を補助線や補助円を利用し証明してみてください.

問題
16

△ABCにおいて、∠A = 90°とし、AB上の点をD、BC上の点をEとする. ∠CDE = ∠B、∠DCE = 2∠ACDならば、DE = 2ADである.

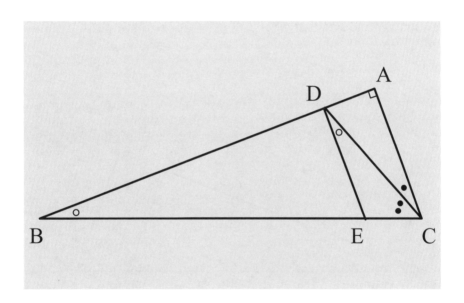

● **方針**

2ADと長さが等しい線分をつくり、その線分とDEが等しいことを示せばよいといえます. 図形のもつ性質として、∠DEB = ∠CDAであることはわかるので、それをいとぐちにして考えます.

● **使用する主な性質**

三角形の合同条件およびその性質. 三角形の外角とその内対角の和の性質. 四角形が円に内接するための条件. 円周角と弦の性質.

● **解説**

∠ACD = α、∠CDE = β とすれば、∠DCE = 2α、∠B = β と表せます.

① DAを2倍にのばした点をFとし、2ADと長さが等しい線分DFをつくります. FとCを結べば、△CAD ≡ △CAFだから、∠AFC = ∠ADC = 2α + β.

② ∠DEB = 2α + β、∠DFC = ∠AFC = 2α + β より、∠DEB = ∠DFC だから、四角形DECFは円に内接するといえます.

③ ∠DCEと∠DCFは円Oの円周角で、∠DCE = ∠DCFだから、それらに対応する弦DE、DFは等しいといえます. したがってDE = DF = 2ADといえます.

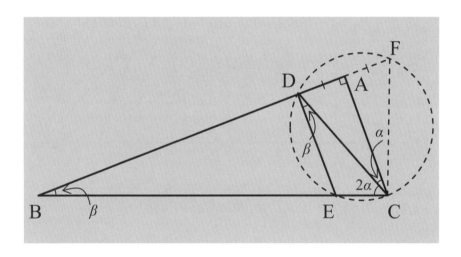

● **補助線・補助円**

2ADの長さをつくるための補助線として、DAを2倍にのばす線分AFを追加しています. DE = DFを示せばよいので扱いやすくなります. またFとCを結ぶ補助線をひけば、∠DCE = ∠DCF = 2αといえます. DE = DFを示すには、∠DCEと∠DCFが同一円周上の円周角とみなすことができればよいといえます. 補助線を追加した図形には、四角形DECFが円に内接するための条件が満たされています.

次の問題17は補助円を利用しないでも証明できますが、ここでは補助円を利用し証明してみてください.

△ABCにおいて、∠A = 90°とする. ∠Bの二等分線に対してCから垂線をひき、二等分線との交点をEとする. BEとACの交点をDとする. このとき、BD = 2CEならば、∠ACB = 45°である.

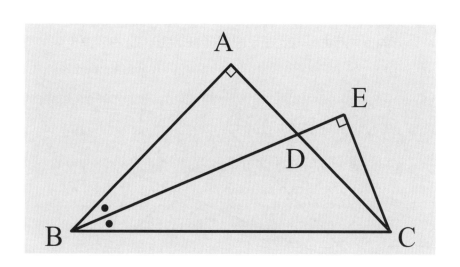

● ─── **方針**

問題の条件を直接利用すれば補助円をかくことができます. ∠ACBはこのままでは扱いにくいので、∠ACBをそれと等しい大きさの角にいったん移動し、移動した角が45°であることを示します.

● ─── **使用する主な性質**

直角三角形の中線の性質. 円周角の定理およびその逆. 二等辺三角形の性質およびその逆.

解説

① BDの中点をFとしAとFを結べば、AF = FD より、∠FAD = ∠FDA.

② ∠BAC = ∠BEC = 90°より、4点A、B、C、Eは同一円周上にあります.

   AとEを結べば、四角形ABCEは円に内接するので、∠ACB = ∠AEB.

③ ∠CAE = ∠CBE、∠ACE = ∠ABE、∠ABE = ∠CBE より、△EACは

   二等辺三角形だから、AE = CE.

④ これとAF = FD = CE より、△AEFは二等辺三角形だから、

   ∠AEF = ∠AFE.

⑤ △FABは二等辺三角形だから、∠CAE = ∠CBE = ∠ABF = ∠BAF.

⑥ ∠EAF = ∠CAE + ∠DAF = ∠BAF + ∠DAF = 90°.

⑦ △AFEは直角二等辺三角形だから、∠AEF = 45°.

⑧ ∠ACB = ∠AEB = ∠AEF = 45° より、∠ACB = 45°といえます.

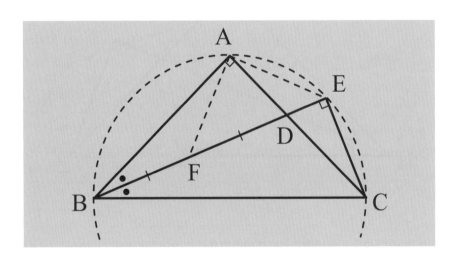

補助線・補助円

  ∠A = ∠E = 90°が問題の条件として与えられているので、自然に補助円はかけると思います. それによって、∠ACBは∠AEBに移動することができます. そのために補助線AEがひかれます. 直角三角形に応じたきまった補助線AFは自然にひかれ、直角二等辺三角形である△AFEが誕生します.

次の問題18を補助線や補助円を利用し証明してみてください.

問題
18
　四角形OACBにおいて、OA＝OBとする. ∠AOC＝2∠ABCならば、∠BOC＝2∠BACである.

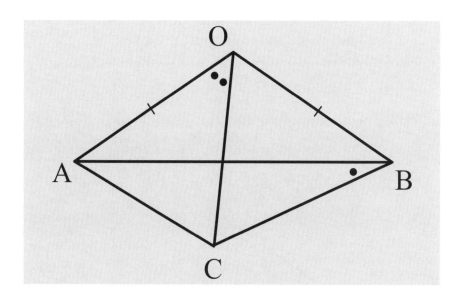

● 方針

　∠AOC＝2∠ABCは、$\dfrac{1}{2}\angle \mathrm{AOC}＝\angle \mathrm{ABC}$と変形できます. $\dfrac{1}{2}\angle \mathrm{AOC}$と大きさが等しい角をつくる工夫をします. そのつくられた角と∠ABCとのつながりを考えます.

● 使用する主な性質

　二等辺三角形の性質およびその逆. 円周角の定理およびその逆. 円周角と中心角の性質. 三角形の外角とその内対角の和の性質.

解説

　AOの延長上にOC＝OPである点Pをとり、PとCを結びます.

①△OCPは二等辺三角形だから、∠OPC＝∠APC＝$\frac{1}{2}$∠AOC＝∠ABC.

②4点P、A、C、Bは同一円周上にあるので、∠PAB＝∠PCB.

③△OCBにおいて、∠OCB＝∠OCP＋∠BCP＝∠ABC＋∠BAP＝
　∠ABC＋∠OBA＝∠OBCより、OC＝OB.

④これとOA＝OB、OC＝OPより、OA＝OC＝OPだから、
　点Oは4点P、A、C、Bを通る円の中心といえます.

⑤点Cは円Oの周上にあるので、∠BOC＝2∠BACといえます.

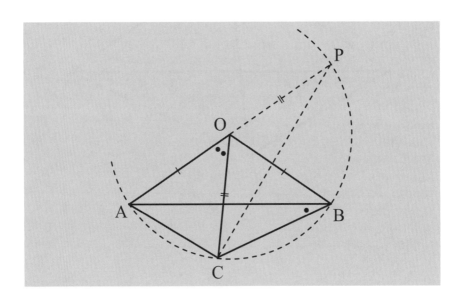

補助線・補助円

　∠AOCをOCを1辺としてもつ三角形の外角とみれば、OPとPCは自然に
ひかれる補助線です. このような位置関係の図形にはよく使われ、ここではそ
の補助線によりつくられる角と∠ABCが関係づけられ、補助円がかけるため
の条件が満たされます. 補助線PCは円周角をつくる役割も担っています.

次の問題19を補助線や補助円を利用し証明してみてください.

△ABCの頂点AにおけるACに垂直な直線と、頂点Bにおけるにおけるに垂直な直線との交点をDとする. また頂点AにおけるABに垂直な直線と、頂点CにおけるBCに垂直な直線との交点をEとする. このとき、BD = CEである.

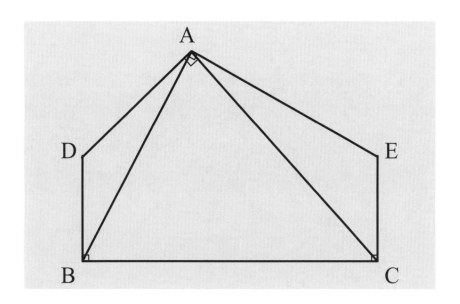

● **方針**

BD = CEであることを示すには何を示せばよいかを考えます. 四角形に着目して図形のもつ性質を探します.

● **使用する主な性質**

長方形になるための条件及びその性質. 四角形が円に内接するための条件. 円周角の定理. 四角形の内角の和の性質.

● 解説

　DとEを結び、四角形DBCEの4つの内角が等しいことを示します.

① 四角形ADBCに着目すると、∠DAC + ∠DBC = 180°より、四角形ADBCは円に内接します.

② 同様に、∠BAE + ∠BCE = 180°より、四角形ABCEも円に内接します.

③ 2つの円はともに3点A、B、Cを通る円なので、5点A、D、B、C、Eを通る円が1つ存在するといえます.

④ ∠DEC = ∠DAC = 90°より、四角形DBCEの4つの内角が90°で等しいことから、四角形DBCEは長方形といえます.　したがってBD = CEといえます.

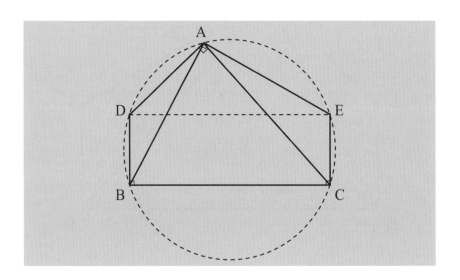

● 補助線・補助円

　BD = CEであるとすれば、四角形DBCEは長方形になることが予想できるので、補助線DEは自然とひくことができます.　四角形DBCEにおいて、2つの内角がそれぞれ90°なので、残りの1角が90°であることを示せばよいといえます.　四角形が円に内接するための条件が与えられているので、補助円は自然にかくことができます.

次の問題20を補助線や補助円を利用し証明してみてください.

問題 20

△ABCにおいて、BC上の点をMとする. ∠B = 60°、∠MAC = 30°、AB = CMならば、∠C = 30°である.

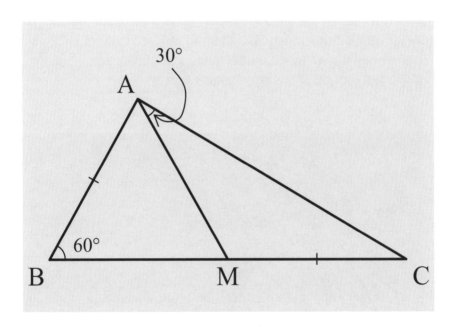

●**─ 方針 ─────────────────**

ABとCMが離れているため扱いにくいので、CMを平行移動してMがAに一致するようにします. Cの移動先をOとすれば、AB = AOであり、AO = MC、AO∥MCです. この条件から解法のいとぐちを探します.

●**─ 使用する主な性質 ─────────────**

円周角の定理. 4点が同一円周上にあるための条件. 二等辺三角形の性質. 平行線の錯角の性質. 平行四辺形になるための条件.

● **解説**

MCを平行移動してMがAに一致するようにします．平行移動した線分をAOとします．

① BとOを結べば、△ABOは二等辺三角形だから、∠ABO = ∠AOB. (1)

② AO∥BCより、∠AOB = ∠OBCだから、∠ABO = ∠OBC = 30°. (2)

③ (1)、(2)より、∠AOB = 30°.

④ AO = MC、AO∥MCより、OとCを結んでできる四角形AMCOは
平行四辺形といえ、AM∥OCだから、∠ACO = ∠MAC = 30°.

⑤ ∠OBAと∠OCAはAOに関して同じ側にあり、∠OBA = ∠OCA = 30°
だから、4点A、B、C、Oは同一円周上にあるといえます．

⑥ したがって∠ACM = ∠ACB = ∠AOB = 30°といえます．

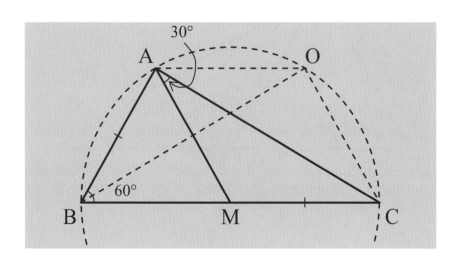

● **補助線・補助円**

離れている2本の線分を近づけようとする考えが補助線を誕生させます．MCを平行移動した線分AOです．この補助線が図形のもつ性質をきめるといえます．つまり、OとA、OとCをそれぞれ結ぶ補助線は自然にひかれる補助線です．それによって等しい角が見つかり、AOに関して同じ側に等しい角があることに着目すると補助円をかくことができます．

次の問題21を補助線や補助円を利用し証明してみてください.

問題
21

平行四辺形ABCDの内部の点をPとする．△PBCは正三角形で、∠APD = 150°ならば、∠PAD = $\frac{1}{2}$∠PCD、∠PDA = $\frac{1}{2}$∠PBAである．

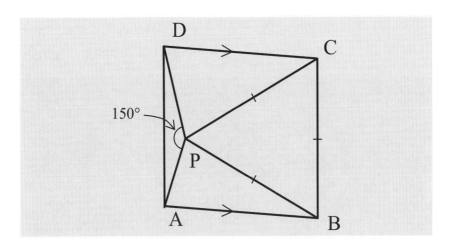

● **方針**

2∠PAD = ∠PCD、2∠PDA = ∠PBAより、角の大きさが2倍になることを証明する問題なので、円周角と中心角の関係を利用することが予想されます．∠PADと∠PCDが円周角と中心角の関係としてみられるように工夫できないかを考えます．∠PDAと∠PBAについても同様です．

● **使用する主な性質**

三角形の内角の和の性質．円周角と中心角の性質．二等辺三角形の性質．正三角形になるための条件．三角形の合同条件およびその性質．平行四辺形になるための条件およびその性質．

●**解説**

　△APDの外接円をかき、その中心をOとします．∠APD = 150°より、中心Oは△APDの外部にあります．∠PAD = α、∠PDA = βとします．

①△APDにおいて、∠APD = 150°より、$\alpha + \beta = 30°$．

②OとA、P、Dをそれぞれ結びます．∠POD = 2α、∠POA = 2β．

③∠AOD = $2\alpha + 2\beta = 60°$、OA = ODより、△OADは正三角形といえます．

④四角形ABCDは平行四辺形でAD = BCより、△OAD ≡ △PBCだから、OD = PC、OA = PB． (1)

⑤AD∥BCより、△PBCを平行移動して、辺BCをADに一致させると、PCはODに、PBはOAにそれぞれ重なるので、OD∥PC、OA∥PB. (2)

⑥ (1)、(2)より、四角形OPCDと四角形OABPはともに平行四辺形だから、∠PAD $= \dfrac{1}{2}$∠POD $= \dfrac{1}{2}$∠PCD、∠PDA $= \dfrac{1}{2}$∠POA $= \dfrac{1}{2}$∠PBA．

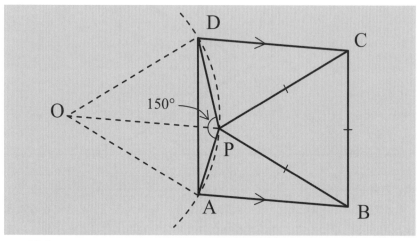

●**補助線・補助円**

　∠PADと∠PDAを円周角とみることができ、またそれらの角に対する中心角をつくるために、△APDの外接円を補助円とします．補助円が追加されることにより、∠APDはその円の円周角とみなせます．補助線をひいて円周角と関係のある中心角をつくることは自然な考えです．補助線と補助円が追加された図形では、円周角と中心角、正三角形、平行四辺形が含まれ、それらの性質が利用できるようになります．

次の問題22にはいろいろな証明方法がありますが、ここでは補助線や補助円を利用し証明してみてください.

> **問題 22**
>
> △ABCにおいて、AB = AC、∠A = 90°とする. また∠Bの二等分線をひき、ACとの交点をDとする. Cを通りBDの延長に垂直な直線をひき、BDの延長との交点をEとする. このとき、BD = 2CEである.

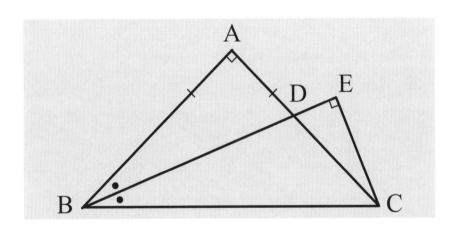

● **方針**

　BDの中点をMとします. BDとCEが離れており扱いにくいので、ECを平行移動してEがMに一致するようにします. 平行移動した線分をMOとします. BD = 2CEであるとすれば、BM = MO = MDであるはずです. つまり△BODは直角二等辺三角形となるはずです. ∠DCB = 45°との関係を考えます.

● **使用する主な性質**

　円周角と中心角の性質. 二等辺三角形の性質. 三角形の内角の和の性質. 三角形の合同条件およびその性質. 2直線が平行になるための条件. 平行四辺形の性質.

解説

　△DBCの外接円をかき、その中心をOとします．BDの中点をMとし、
OとB、M、D、Cをそれぞれ結びます．

①∠BCD = 45°より、∠BOD = 90°であり、またOB = ODだから、△OBD
　は直角二等辺三角形といえます．

②△OBDは直角三角形だから、BM = DM = OMです．BD = 2OMだから、
　結論であるBD = 2CEを示すことは、CE = OMを示すことに置き換え
　ることができます．

③△ODM ≡ △OBMだからBD⊥OM．仮定よりBD⊥CEだから、
　OM∥CE．ㅤㅤㅤㅤㅤㅤㅤㅤㅤㅤㅤㅤㅤㅤㅤㅤㅤㅤㅤㅤㅤㅤㅤㅤ(1)

④∠COD = 2∠CBD = 45°、また∠BDO = 45°より、BE∥OC．ㅤㅤ(2)

⑤(1)、(2)より、四角形MOCEは平行四辺形だから、CE = OM．

⑥BD = 2OM = 2CEより、BD = 2CEといえます．

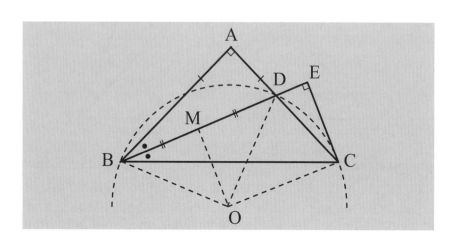

補助線・補助円

　補助円を追加することにより、円の性質が利用できるようになります．円の
中心がきまることから、中心とB、M、D、Cを結ぶ補助線が生まれてきます．
直角三角形の斜辺の中点をMとし、MとOを結ぶ補助線が、CEとのつながり
をつくるきっかけとなります．

次の問題23を補助線や補助円を利用して証明してみてください.

問題23

△ABCにおいて、∠Aを鈍角とする. 直線BAの延長にC
から垂直な直線をひき、BAの延長との交点をEとする.

AB = 2CE、∠ACB = 45°ならば、∠ABC = $\frac{1}{2}$∠ACBである.

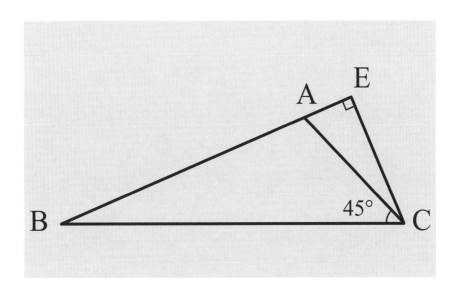

● **方針**

前問と類似した問題です. 前問で利用した補助線や補助円を参考にして考え
ます.

● **使用する主な性質**

円周角と中心角の性質. 二等辺三角形の性質. 2直線が平行になるための条
件およびその性質. 三角形の合同条件およびその性質. 平行四辺形になるため
の条件. 三角形の内角の和の性質. 直角三角形の中線の性質.

解説

①ABの中点をMとします. △ABCの外接円をかき、円の中心OとA、B
をそれぞれ結ぶと、∠ACB = 45°より、∠AOB = 90°.

②OとMを結べば、AM = OM = BM.

③△OMAと△OMBにおいて、OA = OB、AM = BM、OMは共通だから、
△OMA ≡ △OMBといえるので、∠AMO = ∠BMO = 90°.

④△OMAは二等辺三角形だから、CE = AM = OM、∠MAO = 45°.

⑤BE⊥OM、BE⊥CEより、CE∥OM.

⑥CE = OMより、OとCを結べば、四角形EMOCは平行四辺形だから、
ME∥OC.

⑦∠AOC = ∠MAO = 45°より、

$$\angle ABC = \frac{1}{2}\angle AOC = \frac{1}{2} \times 45° = \frac{1}{2}\angle ACB.$$

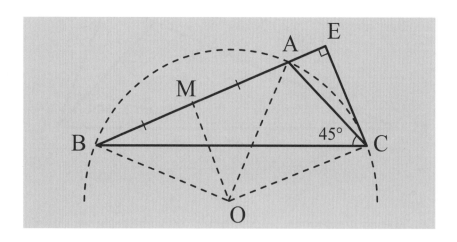

補助線・補助円

　補助円の中心Oは△ABCの外部にできます. ∠ACBはその円の円周角とみ
なせ、対応する中心角をつくる補助線が自然にひかれます. それにより∠ACB
と中心角との間につながりができます. OMは直角三角形に応じたきまった補
助線であり、またABとCEの関係が利用できるようになるための補助線とい
えます.

次の問題24を補助線や補助円を利用し証明してみてください.

平行四辺形ABCDにおいて、$\angle A = 75°$、$AB = 1$、$AD = \sqrt{2}$ ならば、$\angle CAD = 30°$である.

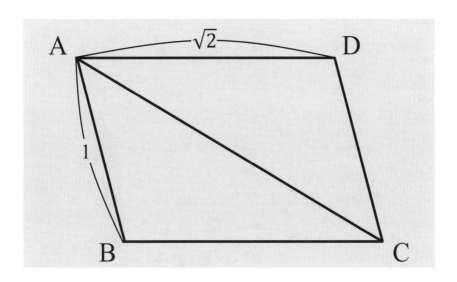

● **方針**

$\angle ABC = 105°$ だから、$\angle ABC$ は $60°$ と $45°$ に分割することができます. $BC = AD = \sqrt{2}$、$AB = 1$ より、BC と $45°$ をなす直線を平行四辺形ABCDの内側にひき、辺の比が $1 : \sqrt{2}$ である三角形を利用するのではないかと予想できます。

● **使用する主な性質**

平行四辺形の性質. 平行線の同側内角の性質. 円周角と中心角の性質. 二等辺三角形になるための条件およびその性質. 三角形の内角の和の性質. 正三角形になるための条件.

　B、CそれぞれからBCと45°をなす直線を四角形ABCDの内側にひき、その交点をOとし、OとAを結びます.

①△OBCにおいて、∠BOC = 90°、BC = AD = $\sqrt{2}$ より、OB = OC = 1.

②OB = AB = 1、∠ABO = 60°より、△ABOは正三角形だから、
　AO = OB = BA.

③OA = OB = OCより、Oを中心とする3点A、B、Cを通る円をかくことができます.

④∠CAD = 75° − ∠BAC = 75° − $\dfrac{1}{2}$∠BOC = 30°.

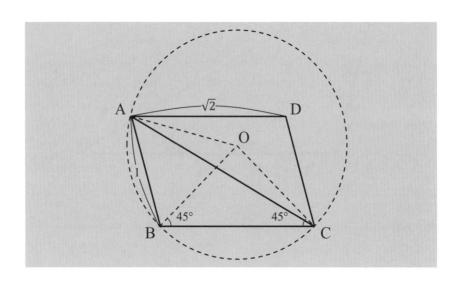

　平行四辺形の隣り合う辺の比と、∠Bが60°と45°に分割することができることから、直角二等辺三角形をつくるという発想が生まれます. このとき同時に正三角形ができます. これを利用すると、平行四辺形の3つの頂点から等しい距離にある点が見つかります. これにより補助円をかくことができ、∠BACはその円の円周角とみなせるようになります.

次の問題25は補助円を使用しない方法で証明することができますが、ここでは補助線や補助円を利用し証明してみてください.

△ABCにおいて、BC上の点をMとするとき、AB = MC、∠AMB = 60°、∠B = 2∠Cならば、∠C = 30°である.

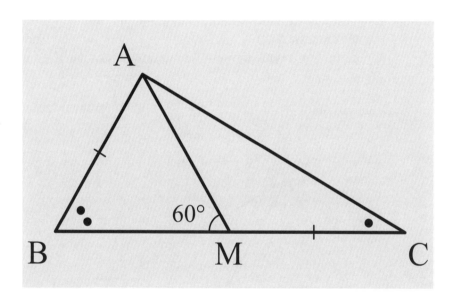

● **方針**

∠C = 30°とするならば、∠B = 60°のはずです. ∠AMB = 60°より、△ABMは二等辺三角形になるはずです. AB = AMを示せばよいといえます. 問題20と類似した問題なので、補助線や補助円の利用のしかたはそれを参考にします.

● **使用する主な性質**

円周角の定理. 二等辺三角形になるための条件およびその性質. 平行線になるための条件. 平行四辺形になるための条件およびその性質.

● **解説**

　△ABCの外接円をかき、∠Bの二等分線との交点をNとします．また∠ACB = αとします．

①∠ANB = ∠ACB = α、∠ABN = αより、△ABNは二等辺三角形だから、AB = AN.　　　　　　　　　　　　　　　　　　　　　　　　　(1)

②∠ANB = ∠NBC = αより、AN∥BCだから、AN∥MC.

③AB = AN、AB = MCより、AN = MCだから、NとCを結べば、四角形AMCNは平行四辺形といえ、AM = NC.　　　　　　　　　　　(2)

④△NACにおいて、∠NCA = ∠NBA = α、∠NAC = ∠ACM = αより、△NACは二等辺三角形だから、NC = AN.　　　　　　　　　　(3)

⑤ (1)、(2)、(3)より、AM = ABだから、△ABMは二等辺三角形といえます．

⑥∠ABM = ∠AMB = 60°より、∠ACB = $\frac{1}{2}$∠ABC = $\frac{1}{2}$∠AMB = 30°.

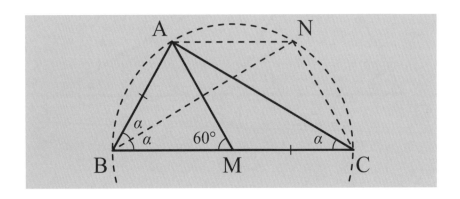

● **補助線・補助円**

　問題の条件から∠Bの二等分線は自然にひかれる補助線だと思います．この二等分線と補助円としてかく△ABCの外接円との交点Nが重要な役割を担っています．NとA、Cとをそれぞれ結ぶ補助線は、円周角をつくるための辺であり、また二等辺三角形や平行四辺形をつくる辺の役割も担います．これらの図形のもつ性質を利用できるようにしているのが、ここで追加した補助線であり補助円です．

次の問題26を補助線や補助円を利用し証明してみてください.

問題
26

平行四辺形ABCDにおいて、BC、CD上の点M、NをBM = CNにとる. △AMNが正三角形ならば、∠A = 120°であり、AB = ADである.

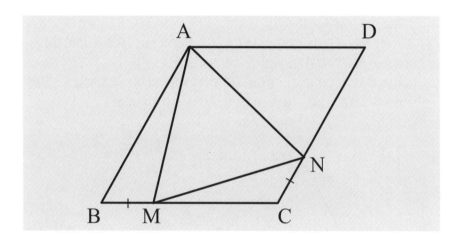

● **方針**

　まず∠A = 120°を示すことにします. ∠A = 120°とするならば、∠B = 60°のはずです. ∠AMC = ∠AMN + ∠NMC = 60° + ∠NMC、∠AMC = ∠B + ∠BAM = 60° + ∠BAMだから、∠NMC = ∠BAMのはずです. また∠A = 120°であることがわかれば、∠C = 120°といえるので、それを利用してAB = ADを示します.

● **使用する主な性質**

　三角形の合同条件およびその性質. 平行四辺形の性質. 平行線の同位角の性質. 三角形の外角とその内対角の和の性質. 正三角形になるための条件およびその性質. 四角形が円に内接するための条件. 円周角の定理. 二等辺三角形の性質. 三角形の内角の和の性質.

解説

① △AMBにおいて、∠BAM + ∠B = ∠AMC = 60° + ∠NMCより、∠BAM = ∠NMCであれば、∠B = 60°といえます。そこで∠BAM = ∠NMC を示します。

② BCの延長上にAB = CEとなる点Eをとり、EとNを結べば、△ABM ≡ △ECNだから、MA = NE、∠BAM = ∠CEN.   (1)

③ MA = NM、MA = NEより、NM = NEだから、∠NME = ∠NEM. (2)

④ (1)、(2)より、∠BAM = ∠NMCだから、∠B = ∠AMN = 60°.
 したがって∠A = 120°といえます。

⑤ ∠MCN = ∠BCD = ∠A = 120°より、∠MAN + ∠MCN = 180°だから、四角形AMCNの外接円をかくことができます。

⑥ 対角線ACをひくと、∠ACB = ∠ANM = 60°より、△ABCは正三角形だから、AB = BC. BC = ADより、AB = ADといえます。

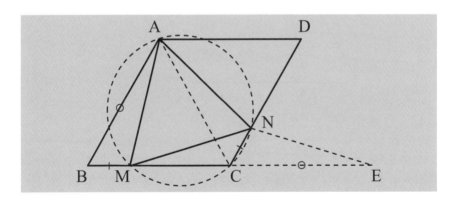

補助線・補助円

∠BAM = ∠NMCであれば、∠B = 60°といえるので、△ABMと△CMN が合同であればよいのですが、合同ではありません。しかし∠Cの外角と∠B が等しいことから、△ABMと合同な三角形を平行四辺形ABCDの外側につくることができます。この三角形が重要な役割を担います。また図形のもつ性質から補助円をかくことができる条件が満たされます。∠ANMはその円の円周角とみることができ、この角を∠Bに近づけるために補助線ACが必要になります。

次の問題27を補助線や補助円を利用し証明してみてください.

△ABCにおいて、AB = ACとする. △ABCの内部に点P をとるとき、∠ABP = 2∠PBC、∠PCB = 2∠ACP、PA = PCならば、∠A = 90°である.

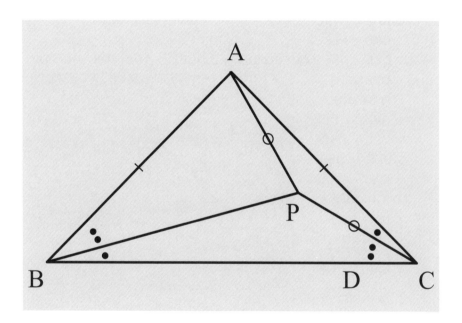

● **方針**

PA = PCより、∠PCA = ∠PACであり、また∠PBC = ∠PCAだから、∠PAC = ∠PBCであることがわかり、同一円周上にある4点が見えてきます.

● **使用する主な性質**

　二等辺三角形の性質およびその逆. 三角形の外角とその内対角の和の性質. 三角形の内角の和の性質. 円周角の定理およびその逆. 対頂角の性質.

● **解説**

APの延長とBCとの交点をD、BPの延長とACとの交点をEとし、DとEを結びます.

① $\angle$ B $=$ $\angle$ C より、$\angle$ ACP $= \alpha$ とすれば、$\angle$ EBC $= \alpha$、$\angle$ ABE $=$ $\angle$ PCB $= 2\alpha$.

② PA $=$ PC より $\angle$ PAC $=$ $\angle$ PCA $= \alpha$.

③ $\angle$ DAE $=$ $\angle$ PAC $= \alpha$. $\angle$ EBD $=$ $\angle$ EBC $= \alpha$ より、$\angle$ DAE $=$ $\angle$ DBE だから、4点A、B、D、Eは同一円周上にあるといえます.

④ $\triangle$ ADE において、$\angle$ ADE $=$ $\angle$ ABE $= 2\alpha$、$\angle$ DAE $= \alpha$ より、$\angle$ CED $= 3\alpha$.

⑤ $\angle$ CED $= 3\alpha =$ $\angle$ DCE、$\angle$ DPC $=$ $\angle$ DCP より、DC $=$ DE. DC $=$ DP.

⑥ $\triangle$ DPE は二等辺三角形だから、$\angle$ DPE $=$ $\angle$ DEP. $\angle$ DPE $=$ $\angle$ BPA、$\angle$ DEP $=$ $\angle$ DEB $=$ $\angle$ DAB $=$ $\angle$ BAP より、$\angle$ BPA $=$ $\angle$ BAP.

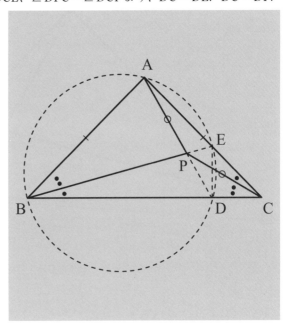

⑦ $\triangle$ BPA において、$\angle$ BAP $= \dfrac{1}{2}(180° - 2\alpha) = 90° - \alpha$.

⑧ $\angle$ BAC $=$ $\angle$ BAP $+$ $\angle$ DAC $= 90° - \alpha + \alpha = 90°$ より、$\angle$ A $= 90°$.

● **補助線・補助円**

$\angle$ PAC $=$ $\angle$ PBC からみて、BPとAPをそれぞれ延長することは自然な考えだと思います. DとEを結べば四角形ABDEが内接する補助円をかくことができ、図形がもつ角の関係を調べることができます.

次の問題28を補助線や補助円を利用し証明してみてください.

問題
28

四角形ABCDにおいて、BC = CD、∠ABC = 2∠ADC、
∠BAC = 2∠CADならば、AC = BCである.

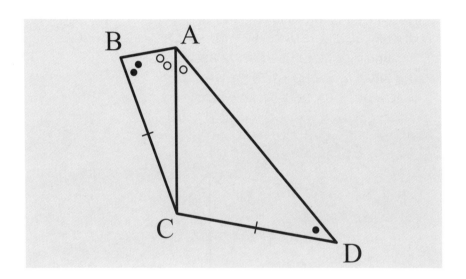

● **方針**

∠CAD = ∠CDAを示せばよいといえます. ∠ABC = 2∠ADCより、ABを延長し∠ABCを外角とする二等辺三角形をつくれば∠ADCと等しい角ができます. しかしその角と∠ADCはACを軸に反対側にあるため、そのままでは4点が同一円周上にあるための条件を使うことができません. そこで∠ADCを同じ側に移動する工夫をします.

● **使用する主な性質**

二等辺三角形の性質およびその逆. 円周角の定理およびその逆. 三角形の合同条件およびその性質. 三角形の外角とその内対角の和の性質.

解説

$\angle ADC = \alpha$、$\angle CAD = \beta$とすれば、$\angle ABC = 2\alpha$、$\angle BAC = 2\beta$より、AC = BCを示すことは、$\alpha = \beta$を示すことに置き換えることができます.

① ABの延長上の点EをBC = BEにとりCと結べば、$\angle BEC = \angle BCE = \alpha$.

② △ACDをACを軸に対称移動し△ACFをつくれば、$\angle AFC = \angle ADC = \alpha$.

③ $\angle AEC = \angle AFC = \alpha$より、4点A、E、F、Cは同一円周上にあるので、$\angle CEF = \angle CAF = \beta$、$\angle ECF = \angle EAF = \beta$より、$\angle CEF = \angle ECF$だから、FE = FC、BE = FE.

④ △BECと△FECにおいて、BC = CD = FC、BE = FE、ECは共通だから、△BEC ≡ △FECといえるので、$\angle BEC = \angle CEF$.

⑤ $\angle BEC = \alpha$、$\angle CEF = \beta$だから、$\alpha = \beta$.

⑥ AC = DC、DC = BCより、AC = BCといえます.

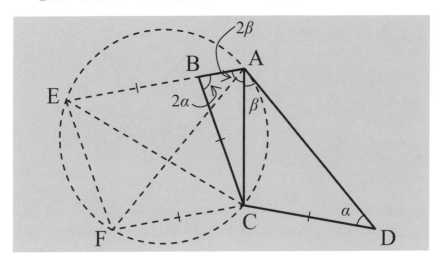

補助線・補助円

$\angle ABC$と$\angle ADC$の関係を使うために、BCと長さが等しい線分を補助線としてひいています. それによって$\angle ADC$は$\angle BEC$に移動させることができます. しかし$\angle ADC$と$\angle BEC$は、このままではACに関して反対側にあって、扱いが難しくなっています. そこで△ADCをACに関して対称移動するという発想が生まれます. そうすることにより、補助円がかけるための条件が満たされ、円の性質が利用できるようになります.

次の問題29を補助線や補助円を利用し証明してみてください.

問題
29

△ABCにおいて、AB = ACとする.　Aを通りBCに平行に
ひいた直線上に点Dをとり、BD = BCとする.　このとき
∠DBC = 2∠ABDならば、∠BAC = 90°である.

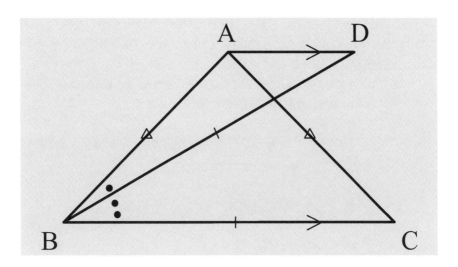

● **方針**

CとDを結べば、△BCDは二等辺三角形だから、二等辺三角形に応じたきまっ
た補助線を使うことが予想できます.　つまり頂角の二等分線を補助線としてひ
きます.　その補助線はDCと垂直に交わることがいえるので、その交点をMと
し、∠A = 90°とすれば、4点A、B、C、Mは同一円周上にあるはずです.
そこで4点A、B、C、Mが同一円周上にあるための条件をつくる工夫をします.

● **使用する主な性質**

三角形の合同条件およびその性質.　平行四辺形の性質およびその逆.　等脚台
形の対角線の性質.　平行線の錯角の性質.　円周角の定理およびその逆.　対頂角
の性質.

●─ 解説 ─────────────────

∠ABD = αとすれば、∠DBC = 2αと表せます.

① CとDを結べば、△BCDは二等辺三角形といえます. ∠DBCの二等分
   線とDCとの交点をMとすれば、△BCM ≡ △BDMだから、
   BM⊥CD、CM = DM.

② AMの延長とBCの延長との交点をFとすれば、△AMD ≡ △FMCだから、
   AM = MF. 四角形ACFDは平行四辺形だから、DF∥AC.

③ ∠DFB = ∠ACB = ∠ABCより、∠ABF = ∠DFB.

④ これとAD∥BFより、四角形ABFDは等脚台形だからAF = DB.

⑤ △ABD ≡ △DFAより、∠ABD = ∠DFA. AC∥DFより、
   ∠DFA = ∠CAF = α.

⑥ ∠CAM = ∠CAF = α、∠CBM = αより、4点A、B、C、Mは同一円周
   上にあるので、∠BAC = ∠BMC = 90°といえます.

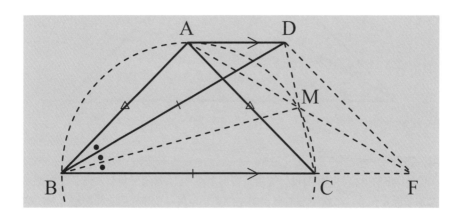

●─ 補助線・補助円 ─────────────────

BC = BDより、補助線DCによって二等辺三角形がつくられます. 二等辺三
角形に応じたきまった補助線である頂角の二等分線をひくと、DCを垂直に
2等分します. ここでAとMが同一円周上にあればよいと考えて、その条件
を探すために、平行四辺形をつくる補助線が必要になります. 平行四辺形と等
脚台形の性質を利用して等しい角を探すと、補助円が見つかり解決につながり
ます.

次の問題30を補助線や補助円を利用し証明してみてください.

問題
30

△ABCのBC上の点をDとする. △ABDの外接円のDにおける接線と、△ABCの外接円の点Cにおける接線の交点をEとするならば、AB：BC＝AD：DEである.

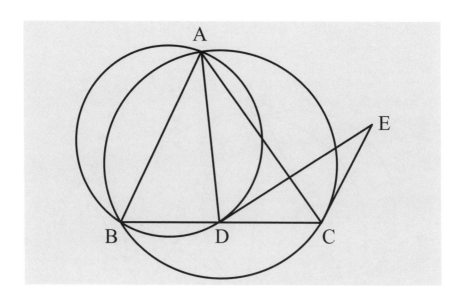

●— **方針** ─────────────────────────────

　まず図形のもつ性質を考えます. DE、CEがともに円の接線だから、∠ABD ＝∠ADE、∠ABD＝∠ABC＝∠ACEであることがわかります. だからAB： BC＝AD：DEであるとすれば、△ABCと△ADEは相似になるはずです. そこで逆に考えて、この2つの三角形の相似条件を探します. ∠ABC＝ ∠ADEはすでにわかっています.

●— **使用する主な性質** ─────────────────────

　接弦定理. 円周角の定理およびその逆. 三角形の相似条件およびその性質.

解説

　AB：BCの比とAD：DEの比が対応する三角形が相似であることを示します。

①∠ACE = ∠ABC、∠ADE = ∠ABD = ∠ABCより、∠ACE = ∠ADE.

②AとEを結ぶ補助線をひけば、∠ADEと∠ACEはAEに対して同じ側にある等しい角だから、4点A、D、C、Eは同一円周上にあります。

③四角形ADCEは円に内接することから、∠ACB = ∠ACD = ∠AED.

④△ABCと△ADEにおいて、∠ACB = ∠AED、∠ABC = ∠ADEより、△ABC∽△ADEだから、AB：BC = AD：DEといえます。

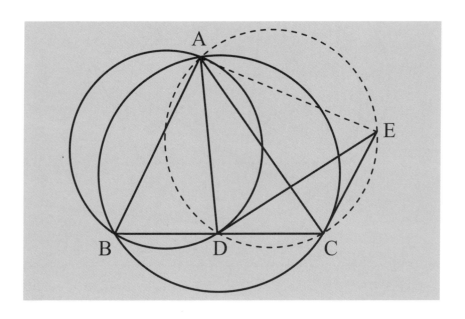

補助線・補助円

　図形のもつ性質として、∠ADE = ∠ACEであることがいえるので、補助線AEをひくことにより、同一円周上にあると予想できる4点が見えてきます。補助円がかけると、AEは∠ACDと等しい角である∠AEDをつくる辺として、また相似な三角形をつくる辺としての役割を担います。

次の問題31を補助線や補助円を利用し証明してみてください.

△ABCの内部の点をPとし、辺AC、AB上の点をそれぞれD、
Eとする.　∠APD = ∠PBC、∠APE = ∠PCBならば、ED
∥BCである.

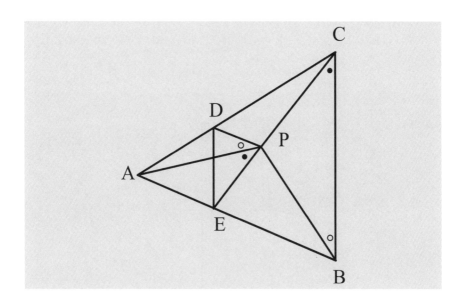

● **方針**

　ED∥BCを示すには、AE：EBの比をAD：DCの比に移動できることを示
せばよいといえます.　図の中の△AEPとABに着目し、補助線を追加すれば
AE：EBの比を移動することができ、AD：DCの比に近づけることができます.

● **使用する主な性質**

　平行線と線分の比の性質.　平行線の同位角の性質およびその逆.　円周角の定
理およびその逆.　平行線になるための線分の比の条件.

解説

Bを通りEPに平行な直線とAPの延長との交点をFとします.

① EP∥BFより、AE：EBの比はAP：PFの比に移動できるので、
　AE：EB = AP：PF.　　　　　　　　　　　　　　　　　　　　　　　　(1)

② ∠APE = ∠AFB = ∠PFB、∠APE = ∠PCBより、∠PFB = ∠PCB
　だから、4点P、B、F、Cは同一円周上にあります.

③ 四角形PBFCは円に内接するので、∠PBC = ∠PFC = ∠AFC、∠PBC
　= ∠APDより、∠AFC = ∠APDだから、PD∥FC.

④ AP：PFの比はAD：DCの比に移動できるので、AP：PF = AD：DC.　(2)

⑤ (1)、(2)より、AE：EB = AD：DCだから、ED∥BCといえます.

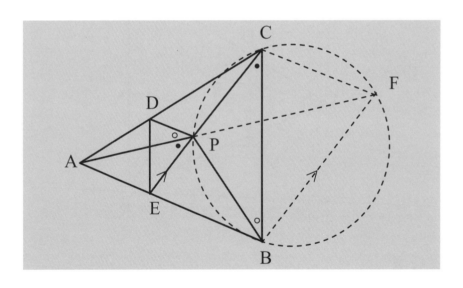

補助線・補助円

　平行線と線分の比の性質を表す図の一部が含まれています. それを復元する
ために、EPに平行な直線とAPの延長線を追加しています. 補助線を追加する
ことにより、等しい角がつくられ、補助円をかくことができます. それにより
等しい角が見つかり、もう1組の平行線が見つかります.

次の問題32を補助線や補助円を利用し証明してみてください.

△ABCにおいて、BC上の点をDとする. AB = CD、∠B = 2∠CADならば、∠B = 2∠Cである.

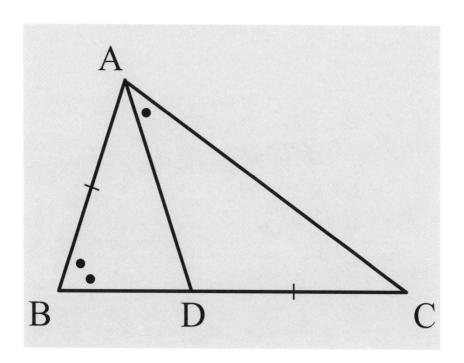

● **方針**

問題25と類似した問題です. それを参考にして考えてみます.

● **使用する主な性質**

平行線の錯角の性質. 二等辺三角形になるための条件. 平行四辺形になるための条件. 円周角の定理およびその逆.

● 解説

Aを通りBCに平行な直線と∠Bの二等分線との交点をEとします.

①∠ABE = ∠EBC = ∠AEBより、AB = AE.

②AE∥DC、AE = AB = DCより、四角形ADCEは平行四辺形だから、

$\angle$ACE = $\angle$CAD = $\dfrac{1}{2}$∠B = ∠ABE.

③AEに関して∠ABEと∠ACEは同じ側にあることから、

4点A、B、C、Eは同一円周上にあり、∠AEB = ∠ACBより、

∠B = 2∠AEB = 2∠ACBです.

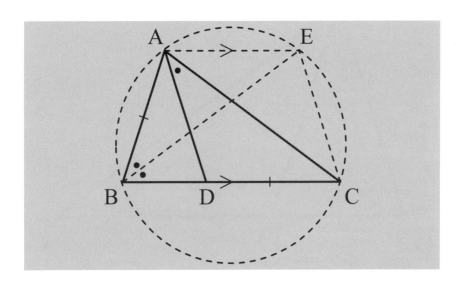

● 補助線・補助円

∠Bの二等分線をひくことは自然な考えですが、その終点としての点Eをどこにとるかが重要なポイントといえます. Aを通りBCに平行な直線との交点をEとすれば、平行線の性質を利用して等しい角をつくることができ、さらに平行四辺形をつくることができます. それにより補助円をかくことができる条件が満たされ、解決につながります.

次の問題33を補助線や補助円を利用し証明してみてください.

問題 33

△ABCの各辺をそれぞれ1辺とする正三角形を△ABCの外側につくる. それらの三角形を△BDC、△CEA、△AFBとする. このとき、AD、CF、BEは同一の点を通る.

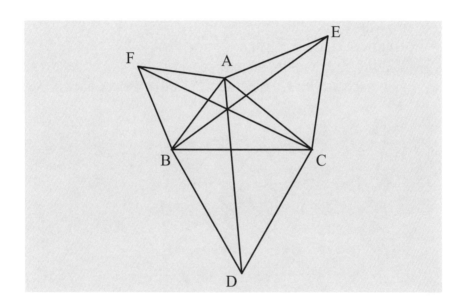

●— **方針** ─────────────

BEとFCの交点をPとします. AとP、PとDをそれぞれ結び、∠APF +∠FPB +∠BPD = 180°を示せばよいといえます. △ABEを点Aを中心として60°右回りに回転すると△AFCに重なることから、∠FPB = 60°であることがわかります. ∠APFと∠BPDの和が120°になることを示します.

●— **使用する主な性質** ─────────────

三角形の合同条件およびその性質. 二等辺三角形の性質. 正三角形になるための条件. 三角形の内角の和の性質. 円周角の定理およびその逆.

解説

BEとFCの交点をPとします．PとA、PとDをそれぞれ結びます．

①AB = AF、AE = AC、∠BAE = ∠FACより、△ABE ≡ △AFCだから、
∠AFP = ∠AFC = ∠ABE = ∠ABP.

②4点A、F、B、Pは同一円周上にあることから、∠BPF = ∠BAF = 60°、
∠APF = ∠ABF = 60°.

③FP上の点QをPB = PQとし、QとBを結べば、∠BPQ = 60°より、
∠BQP = ∠QBP = 60°だから、△BPQは正三角形といえるので、
BQ = BP.

④△PBD ≡ △QBCより、∠BPD = ∠BQC = 60°.

⑤∠APD = ∠APF + ∠FPB + ∠BPD = 60° + 60° + 60° = 180°より、3点A、
P、Dを結ぶ線はADと一致し、AD、CF、BEは同一の点を通るといえ
ます．

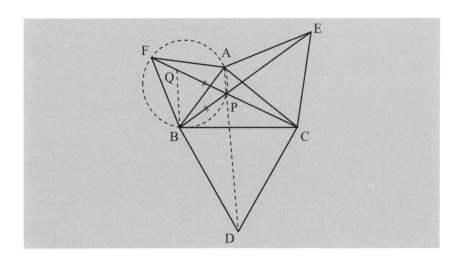

補助線・補助円

合同な三角形があることから、APに関して2つの等しい角が同じ側にある
ことがわかります．それにより補助円がかけ、∠FPB = 60°であることが導け
ます．補助線QBをひき正三角形をはめ込むことにより、△PBDと合同な三
角形が出現することとなります．

　次の問題34は補助円を利用せずに証明することができますが、ここでは補助線や補助円を利用し証明してみてください.

問題
34

正方形ABCDにおいて、BC上の点をP、CD上の点をQとする. AD、AB、PQで接する円の中心Oが△APQの外心と一致するならば、∠PAQ = 45°である.

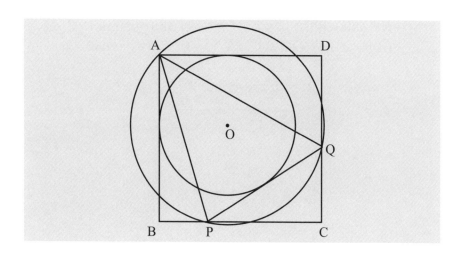

●─ **方針**

　∠PAQ = 45°とすれば、∠POQは弧PQに対する中心角なので、∠POQ = 90°のはずです. さらにOP = OQより、∠OPQ = 45°のはずです. 四角形ABCDは正方形だから、∠OAB = 45°です. ∠OPQ = ∠OABを導き出します.

●─ **使用する主な性質**

　円の接線と半径の性質. 2辺と1角が等しい三角形の合同条件. 四角形が円に内接するための条件およびその性質. 二等辺三角形の性質. 三角形の内角の和の性質. 円周角と中心角の性質. 円外の1点からひいた接線の長さの性質. 三角形の合同条件およびその性質.

解説

　AB、QPそれぞれを延長し、交点RとOを結びます．小円OとAB、PQ
との接点をE、Fとし、OとE、Fを結びます．

①△ORE ≡ △ORFだから、∠ORE = ∠ORF.

②OとA、Pをそれぞれ結びます．△OARと△OPRにおいて、OA = OP、
　∠ORA = ∠ORP、ORは共通だから、∠OAR = ∠OPR、または∠OAR
　+ ∠OPR = 180°です．

③∠OAR = 45°、∠OPR > 90°より、∠OAR ≠ ∠OPRだから、
　∠OAR + ∠OPR = 180°といえます．OとQを結びます．

④四角形ARPOは円に内接することから、∠OPQ = ∠OAR = 45°.

⑤∠OQP = ∠OPQ = 45°より、∠POQ = 90°だから、∠PAQ = 45°.

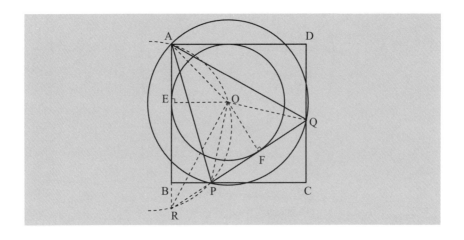

補助線・補助円

　∠PAQを弧PQの円周角とみなせば、対応する中心角をつくる補助線OPと
OQは自然にひくことができます．さらに∠OPQ = ∠OAB = 45°であるため
には、∠OABを内角とし、∠OPQをその対の外角となる四角形が必要にな
ります．その四角形をつくるには、A、O、Pの3点は頂点となることは確かの
ようなので、4番目の頂点をつくることが必要になります．その頂点をつくる
ために、ABとQPそれぞれを延長する補助線が利用されます．OE、OFはよ
く利用される円と接線に応じたきまった補助線です．

次の問題35を補助線や補助円を利用し証明してみてください.

問題
35

台形ABCDにおいて、AD∥BCとする. ∠BAC = 90°、
BC = BD、∠ACD = 30°ならば、AB = ACである.

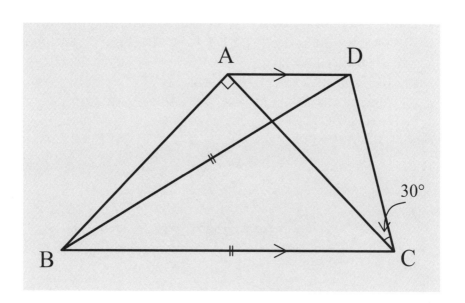

● ― **方針**

　CAの延長上に点Eをとり、CA = AEとします. 補助線EBをひくと、
△ABCと合同な三角形である△ABEをつくることができます. AB = ACであ
るとすれば、AB = AEとなるはずです. ∠ACD = 30°の使い方を考え、AB =
AEを示すことを目指します.

● ― **使用する主な性質**

　三角形の合同条件およびその性質. 円周角と中心角の性質. 正三角形になる
ための条件. 三角形の内角の和の性質. 平行線と線分の比の性質.

●── 解説

　CAの延長上に点Eをとり、CA＝AEとします．EとBを結ぶ補助線を
ひきます．

①△ABCと△ABEにおいて、AC＝AE、∠BAC＝∠BAE＝90°、BAは
　共通だから、△ABC≡△ABEといえるので、BC＝BE．

②3点E、D、CはBを中心とする円の円周上にあることから、
　∠DBE＝2∠DCE＝60°．

③BD＝BE、∠DBE＝60°より、△BDEは正三角形だから、BD＝ED．

④DAの延長とEBとの交点をFとします．△EBCにおいて、EA＝AC、
　AF∥CBより、EF＝FB．

⑤△DBF≡△DEFより、∠DFB＝∠DFE＝90°．
　　△ABF≡△AEFだから、AB＝AE．AE＝ACより、AB＝AC．

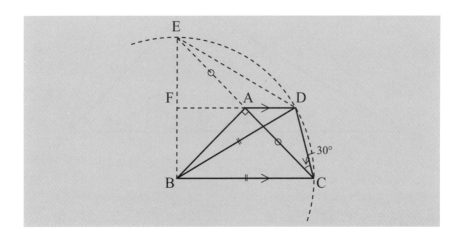

●── 補助線・補助円

　合同な三角形をつくるためにCAを2倍の長さに延長しています．それに
よって補助円がかける条件が満たされます．この補助円がかけることによっ
て、∠ACD＝30°の条件とのかかわりができ、図の中に正三角形を見いだすこ
とができます．DEは正三角形の辺として自然にひかれる補助線です．DAの
延長線はAEとABが対応する辺である合同な三角形をつくるために必要とな
る補助線です．

次の問題36を補助線や補助円を利用し証明してみてください.

問題 36

△ABCにおいて、∠A = 90°、AB = ACとする. BC上の点をD、Eとし、∠DAE = 45°とする. △ADEの外接円とAB、ACとの交点をそれぞれP、Qとする.
このとき、PQ = BP + CQである.

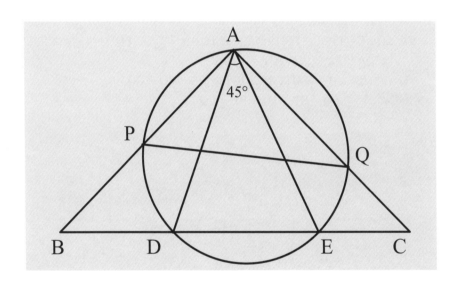

● **方針**

PQ = BP + CQであるとするならば、PQ上に点TをPT = PBとなるようにとれば、TQ = CQのはずです. TQ = CQを示すことを目指します.

● **使用する主な性質**

三角形の内角の和の性質. 二等辺三角形になるための条件およびその性質. 三角形の合同条件およびその性質. 三角形の外角とその内対角の和の性質. 四角形が円に内接するための条件およびその性質. 円周角の定理.

● 解説

　PQ 上に点 T を PT = PB にとります．C と T を結び、∠QTC = ∠QCT を示します．

① P と D、D と Q をそれぞれ結ぶと、∠BPD = ∠AQD、∠TPD = ∠QPD
　= ∠QAD = 45° + ∠QAE = ∠QCD + ∠QDE = ∠AQD より、
　∠BPD = ∠TPD．

② これと、PB = PT、PD は共通だから、D と T を結べば、
　△PBD ≡ △PTD といえ、∠PTD = ∠PBD = 45°．

③ ∠QCD = ∠PTD = 45° より、四角形 TDCQ は円に内接するから、
　∠QTC = ∠QDC = ∠QAE．　　　　　　　　　　　　　　　　　　　(1)

④ ∠QCT = 45° − ∠TCD = 45° − ∠TQD = 45° − ∠PQD = 45° − ∠PAD
　= ∠QAE だから、∠QCT = ∠QAE．　　　　　　　　　　　　　　　(2)

⑤ (1)、(2) より、∠QTC = ∠QCT だから、TQ = CQ．

⑥ したがって PQ = PT + TQ = BP + CQ．

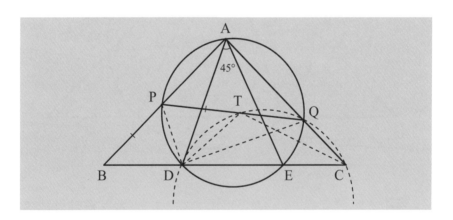

● 補助線・補助円

　△QTC が二等辺三角形であることを示します．そのために補助線 TC をひき、∠QTC と ∠QCT をつくります．D と T を結ぶと四角形 TDCQ の外接円がかける条件が満たされることがわかります．この円と △ADE の外接円がもつ性質を利用することができます．これにより ∠QTC と ∠QCT それぞれを ∠QAE に移動することができます．

次の問題37を補助線や補助円を利用し証明してみてください.

問題 37

交わる2円の共通弦をPQ、2円に接する直線の接点をA、Bとする. またPQの延長とABとの交点をTとする.
このとき、AT = BTである.

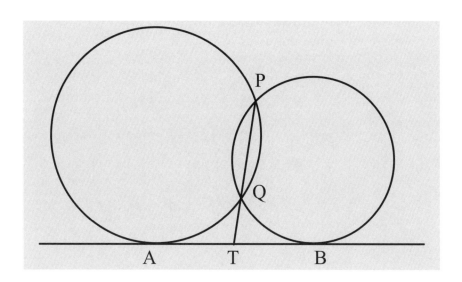

● **方針**

2円とその接線がABであることから、接弦定理が使えるのではないかと予想することができます. またAT = BTであるとすれば、QTを2倍に延長した線分とABを対角線とする四角形は平行四辺形になるはずです. そこでABがその平行四辺形の対角線であることを示します.

● **使用する主な性質**

接弦定理. 平行線になるための条件. 円周角の定理およびその逆. 平行四辺形の性質.

●─ 解説

①AとP、Qそれぞれを結べば、∠QAB = ∠APQ.　　　　　　　　　　(1)

②BとP、Qそれぞれを結ぶ補助線をひけば、∠QBA = ∠BPQ.

③Aを通りQBに平行な直線とQTの延長との交点をRとし、RとBを結ぶと、∠QBA = ∠RAB.

④これと∠QBA = ∠BPQ = ∠BPRより、∠RAB = ∠RPBだから、4点A、R、B、Pは同一円周上にあるので、∠ABR = ∠APR = ∠APQ.　　(2)

⑤ (1)、(2)より、∠QAB = ∠ABRだから、QA∥BR.

⑥四角形QARBは平行四辺形だから、AT = BTといえます.

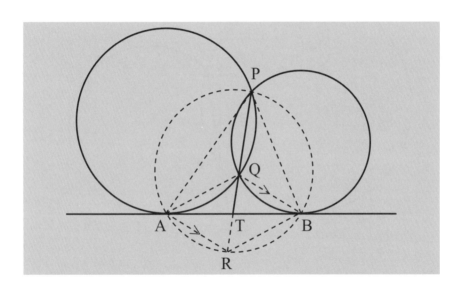

●─ 補助線・補助円

　AT = BTであるとすれば、QTを2倍にのばせば、それらを対角線とする四角形は平行四辺形のはずです. そこでその四角形をつくるために、Aを通りQBに平行な直線とQTの延長との交点RとBを結ぶ線分、QとA、Bを結ぶ線分をそれぞれ補助線としてひくことが必要になります. QとA、Bを結ぶ線分により∠QABと∠QBAができ、接弦定理を利用するためにPとA、Bをそれぞれ結ぶ補助線がひかれます. できた図形は四角形ARBPが円に内接する条件を満たしています.

次の問題38を補助線や補助円を利用し証明してみてください.

問題
38

> ひし形ABCDの対角線BD上の点をFとする. CFの延長と
> ABとの交点をEとする. △AEFの外接円とAD、BDとの
> 交点をそれぞれP、Qとする. このとき、3点P、Q、Cは
> 一直線上にある.

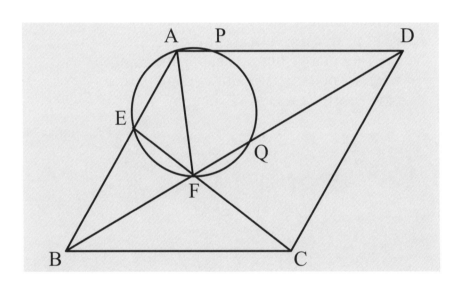

●─　**方針**

　QとP、Cをそれぞれ結びます. ∠PQD + ∠DQC = 180°を示せばよいといえます. ∠PQDは∠DAFに移動できます. ∠DQC = ∠QFC + ∠QCFです.

●─　**使用する主な性質**

　円周角の定理およびその逆. 円に内接する四角形の性質. 三角形の外角とその内対角の和の性質. 三角形の合同条件およびその性質. 二等辺三角形の性質. 三角形の内角の和の性質.

● 解説 —————————————————————————————

①PとQを結ぶと、円に内接する四角形AFQPができることから、
　∠PQD = ∠PAF = ∠DAF.

②∠DQCは△QFCにおける∠CQFの外角なので、
　∠DQC = ∠QFC + ∠QCF.

③∠QFCと∠QCFを△AFDの内角に移動できれば、∠PQD + ∠DQC = 180°であることになります. △DCF ≡ △DAFより、∠DFC = ∠DFA.

④EとQを結ぶと、∠EQB = ∠EQF = ∠EAF = ∠BAF.

⑤△BAF ≡ △BCFより、∠BAF = ∠BCFだから、
　∠EQB = ∠FCB = ∠ECB.

⑥4点E、B、C、Qは同一円周上にあるので、
　∠QCF = ∠QCE = ∠QBE = ∠ABD = ∠ADB = ∠ADF.

⑦∠PQD + ∠DQC = ∠DAF + ∠DFA + ∠ADF = 180°より、
　3点P、Q、Cは一直線上にあるといえます.

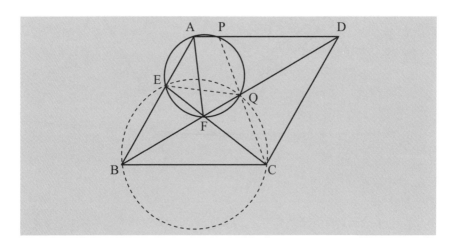

● 補助線・補助円 —————————————————————————

　3点P、Q、Cが一直線上にあることを示すには、PQとQCのなす角が180°であること、すなわち∠PQD + ∠DQC = 180°を示すことに置き換えることができます. ∠PQDは∠DAFに移動できます. ∠DQCを△DAFの内角に移動するために補助線EQと4点を通る補助円を利用することが必要になります.

次の問題39を補助線や補助円を利用し証明してみてください.

四角形ABCDにおいて、AB∥DC、対角線の交点をOとする. AO上の点をM、BC上の点をN、AD上の点をKとする.　∠NMK = ∠BAD、AM：MO = BN：NC = AB：CDならば、△MNK∽△ADBである.

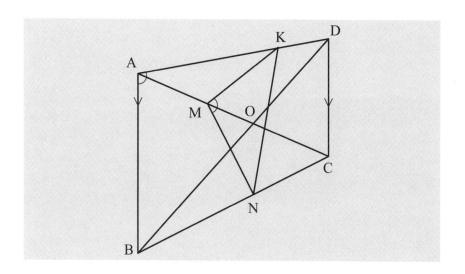

● **方針**

　まず仮定からわかることを調べます. AB∥CDより、AB：CD = AO：OCだから、AO：OC = BN：NCです. △ADBと△MNKにおいて、∠BAD = ∠KMNだから、もう1組の角が等しいことを示します.

● **使用する主な性質**

　平行線と線分の比の性質. 平行線になるための線分の比の条件. 円周角の定理の逆. 円に内接する四角形の性質. 平行な3直線と線分の比の性質. 三角形の相似条件.

NOの延長とADとの交点をTとします. ∠ADB＝∠MNKを示します.

①AB∥DCより、AO：OC＝AB：CD＝BN：NCだから、AB∥ON、
AB∥TN.

②∠NTK＝∠BAK＝∠NMKより、4点M、N、K、Tは同一円周上に
あります. MとTを結びます.

③四角形MNKTは円に内接することから、∠ATM＝∠MNK.

④AB∥NT∥DCより、AM：MO＝BN：NC＝AT：TDだから、
MT∥OD.

⑤∠ATM＝∠ADO＝∠ADB、∠ATM＝∠MNKより、
∠ADB＝∠MNK.

⑥これと∠KMN＝∠BADより、△MNK∽△ADBといえます.

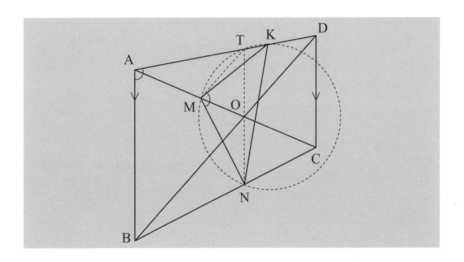

図形のもつ条件から、ABに平行な補助線TNを導きだすことができます.
TN∥ABより∠BADと等しい角ができ、補助円がかける条件が満たされます.
また線分の比を移動するためにも利用されます. MTは与えられた条件である
AM：MO＝AT：TDから自然にひかれる補助線で、MT∥ODという性質をも
ちます.

次の問題40を補助線や補助円を利用し証明してみてください.

問題
40

△ABCにおいて、∠A = 90°であり、BCの中点をMとする.
BM上の点をK、AK上の点をPとする. このとき、BK² =
KM・KC、∠BPM = 90°ならば、四角形APMCは円に内
接する.

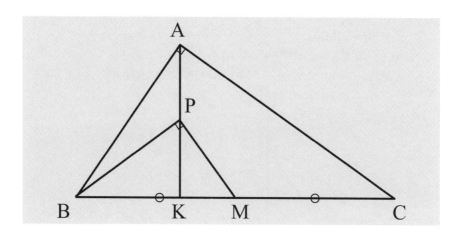

●── **方針** ─────────────────────────────

BK² = KM・KCは、BK:KM = KC:BKと変形できます. 線分どうしが重なっ
ているため扱いにくいので、KC:BKの比を移動します. そのためにBから
ACに平行な直線をひき、AKの延長との交点をQとすれば、KC:BK = AK:
KQだから、BK:KM = AK:KQです. 図形のもつ性質から、四角形APMC
が円に内接するための条件を見つけます.

●── **使用する主な性質** ───────────────────────

平行線になるための線分の比の条件. 平行四辺形が長方形になるための条
件. 四角形が円に内接するための条件. 円周角の定理. 平行線と線分の比の性
質.

　BからACに平行な直線をひき、AKの延長との交点をQとし、QとM
を結びます.

①BK² = KM・KCは、BK : KM = KC : BKと変形します. AC∥BQより、
　KC : BK = AK : KQだから、BK : KM = AK : KQ.
　したがってAB∥MQ.

②QMの延長とACとの交点をRとすれば、四角形ABQRは長方形だから、
　∠BQM = 90°.

③∠BPM + ∠BQM = 180°より、四角形PBQMは円に内接することから、
　∠MPQ = ∠MBQ.

④AC∥BQより、∠MBQ = ∠CBQ = ∠ACB = ∠ACM.

⑤∠MPQ = ∠ACMだから、四角形APMCは円に内接するといえます.

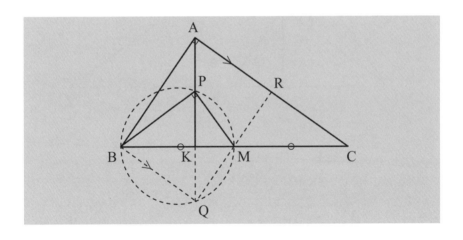

●— 補助線・補助円

　線分の比を移動するために、補助線として平行線をひく方法がよく利用され
ます. ここでも補助線BQをひくことが線分の比を移動し、AB∥MQを導く
ことにつながります. QMを延長してつくるQRは長方形をつくるために必要
となる辺であり、自然とひかれる補助線です. この補助線により補助円がかけ
るための条件が満たされます.

次の問題41を補助線や補助円を利用し証明してみてください.

> 半円Oの直径をABとする. A, Bそれぞれからひいた半円
> 内で交わる弦をAP, BQとする. Oを通る半直線をOMとし、
> OMとAP, BQとの交点をC, Dとする.
> このとき、∠APD＝∠BQCである.

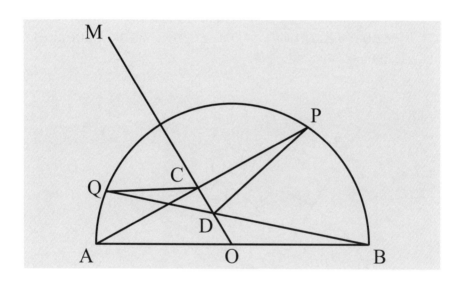

● **方針**

∠CPD(＝∠APD)と∠CQD(＝∠BQC)がOMに関して反対側にあるので、
それを同じ側にくるように∠CQDを移動して扱いやすくなるようにします.
移動した角と∠APDが等しいことを示します. そのためにOMを軸にして点
Qと対称な点をとります.

● **使用する主な性質**

三角形の合同条件とその性質. 三角形の内角の和の性質. 直径に対する円周
角の性質. 円周角の定理およびその逆. 円に内接する四角形の性質.

解説

　点QをOMを軸に対称移動した点をQ′とします．円は直径に関して対称なので、点Q′は円周上にあります．

①Q′とPを結び、AQの延長とOMの交点をEとすれば、四角形QAPQ′は円に内接することから、∠APQ′ = ∠EQQ′．

②∠AQB = 90°より、∠CDQ = ∠EDQ = 90° − ∠DEQ = ∠EQQ′．

③Q′とDを結ぶと、∠CDQ = ∠CDQ′．∠CDQ = ∠EQQ′より、∠CDQ′ = ∠EQQ′．∠EQQ′ = ∠APQ′ = ∠CPQ′だから、∠CDQ′ = ∠CPQ′．

④Q′とCを結ぶと、4点C、D、P、Q′は同一円周上にあるので、∠CPD = ∠CQ′D = ∠CQDより、∠APD = ∠CPD = ∠CQD = ∠BQCだから、∠APD = ∠BQCといえます．

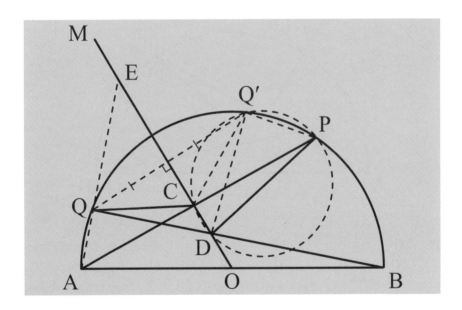

補助線・補助円

　QをOMを軸に対称移動することにより、CQとDQに対応するCQ′とDQ′が補助線となります．Q′とPを結ぶ補助線をひき、∠CDQ′と∠CPQ′に着目することにより、補助円が出現します．AEは補助円がかけるための条件をつくるために必要となる補助線です．

次の問題 42 を補助線や補助円を利用し証明してみてください.

問題 42

△ABM において、MA = MB とする. また AB 上の点を N とし、MN の中点を L とする. AL と△NBM の外接円との交点を P とする. このとき、∠ABP = ∠PAM である.

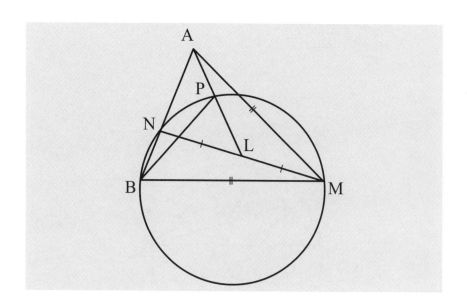

● **方針**

∠ABP = ∠NBP であり、∠NBP は弧 NP に対する円周角です. この円周角は P と M を結ぶ弦をひくことにより、∠NMP に移動することができます. さらに∠NMP を∠PAM まで移動できることを示します.

● **使用する主な性質**

平行四辺形になるための条件およびその性質. 平行線の錯角の性質. 二等辺三角形の性質. 四角形が円に内接する条件. 円周角の定理.

　PLを延長しPL＝LQである点Qをとります．4点P、N、Q、Mを順に結び四角形PNQMをつくります．

①NL＝LM、PL＝LQより、四角形PNQMは平行四辺形だから、
　　∠PMN＝∠QNM、∠NPM＝∠MQN．

②∠ABP＝∠NBP＝∠NMP＝∠QNMより、∠QNMと∠QAMが同一円の円周角であることがいえれば結論が得られます．

③四角形ANQMにおいて、∠A＋∠MQN＝∠B＋∠NPM＝180°より、四角形ANQMは円に内接することから、∠QNM＝∠QAM．

　したがって∠ABP＝∠PAM．

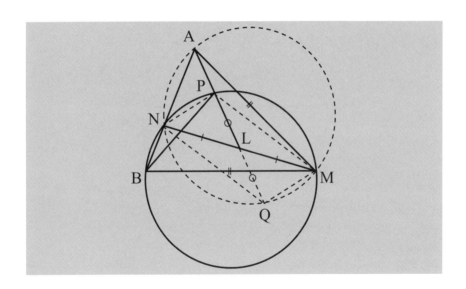

●─ 補助線・補助円 ─────────────────────────

　PLを2倍に延長する補助線はよく利用されるので、平行四辺形をはめ込んだ図形をつくることは自然とできると思います．四角形ANQMが円に内接するための条件を満たすことから、補助円をかくことができます．結論を得るためにはこの補助円がかけることが必要です．

次の問題43を補助線や補助円を利用し証明してみてください.

問題 43

△ABCにおいて、∠B、∠Cを鋭角とする. Aを通りBC
に垂直な直線とBCとの交点をDとし、Dを通りACに垂直
な直線とACとの交点をEとし、DE上の点をFとする.
EF：FD = BD：DCならば、AF⊥BEである.

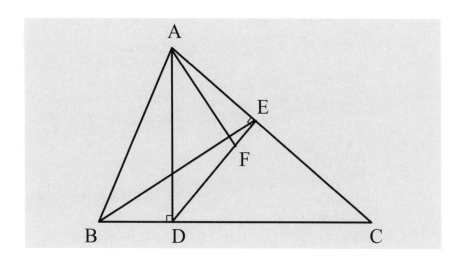

方針

　手がかりがみつけにくい問題です. しかしAFとBEの交点をGとし、AF⊥
BEとするならば、∠ADB = 90°より、4点A、B、D、Gを通る円が存在する
はずです. その円がACと交わる点をHとすれば、BH⊥ACのはずです. その
円をかくことができる条件を探します.

使用する主な性質

　三角形の相似条件およびその性質. 平行線と線分の比の性質. 円周角の定理
およびその逆.

276

●— 解説 ————————————————————————————————

　Bを通りDEに平行にひいた直線とACとの交点をHとし、AFとBEの交点をGとします. △BEH∽△AFEを示します. ∠BHE = ∠AEF = 90°より、BH : HE = AE : EFを示せばよいといえます.

①BH∥DEより、$\dfrac{DC}{BD} = \dfrac{EC}{HE}$だから、$\dfrac{FD}{EF} = \dfrac{EC}{HE}$.

②$\dfrac{FD}{EF} + 1 = \dfrac{EC}{HE} + 1$より、$\dfrac{DE}{EF} = \dfrac{CH}{HE}$だから、$HE = CH \cdot \dfrac{EF}{DE}$. 　　　(1)

③BH∥DEより、$\dfrac{BH}{DE} = \dfrac{HC}{EC}$だから、$BH = DE \cdot \dfrac{HC}{EC}$. 　　　(2)

④△AED∽△DECより、$\dfrac{AE}{DE} = \dfrac{DE}{EC}$、$DE^2 = AE \cdot EC$. 　　　(3)

⑤ (1)、(2)、(3)より、$\dfrac{BH}{HE} = \dfrac{DE \cdot \dfrac{HC}{EC}}{CH \cdot \dfrac{EF}{DE}} = \dfrac{DE^2}{EC \cdot EF} = \dfrac{AE \cdot EC}{EC \cdot EF} = \dfrac{AE}{EF}$

だから、$\dfrac{BH}{HE} = \dfrac{AE}{EF}$. 　　　(4)

⑥△BEHと△AFEにおいて、(4)、∠BHE = ∠AEF = 90°より、△BEH∽△AFEだから、∠EBH = ∠FAE.

⑦GとHを結べば、∠GBHと∠GAHが補助線HGに関して同じ側にあり、∠GBH = ∠GAHだから、4点A、B、G、Hは同一円周上にあります. ∠AGB = ∠AHB = 90°だから、AF⊥BEといえます.

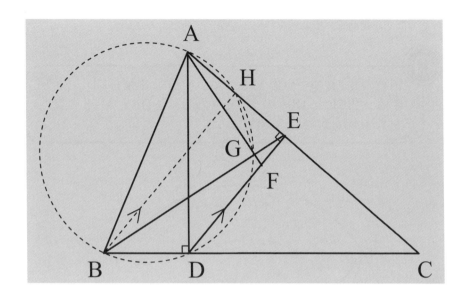

● **補助線・補助円**

　AF⊥BEとするならば、∠ADB = 90°より、4点A、B、D、Gが同一円周上にあることが予想されます. その円があるならば、ACとの交点をHとすると、∠AHB = 90°といえるはずです. このことが補助線BHの発見につながります. Bから DEに平行な直線をひき、ACとの交点をHとすれば、∠AED = 90°より、∠AHB = 90°が得られます. これにより4点A、B、G、Hが同一円周上にあることが予想されます. この補助線BHが重要な役割を担います. △AFEと相似になる△BEHをつくるからです. 補助線GHをひくことにより、4点A、B、G、Hが同一円周上にあるための条件が満たされます.

次の問題を補助線・補助円を利用し証明してみてください.

> **Q** 円Oの弦ABの中点をMとする. Mを通る弦をCD、EFとする. 弦CEとABとの交点をXとし、弦DFとABとの交点をYとすれば、MX = MYである.

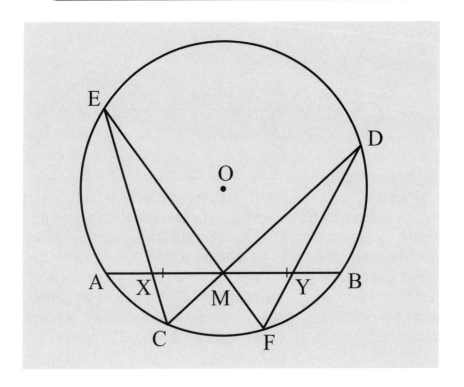

●─ **方針** ─────────────

　MX = MYといえるためには、MXとMYが対応する辺となる合同な三角形ができることを示せばよいといえます. 円の中心と弦に応じたきまった補助線を使用するのではないかとの予想がつきます. 図のなかにできる同一円周上にある4点がわかれば先が見えてきます. OとCE、OとDF、OとABそれぞれの関係に着目します。

次の問題44を補助線や補助円を利用し証明してみてください.

問題
44

△ABCにおいて、∠A = 90°とし、AからBCに垂線をひき、BCとの交点をHとする. AHの中点をNとし、BCの中点をMとする. MよりCNに対して垂線をひきCNとの交点をKとするならば、∠AKN = ∠ACBである.

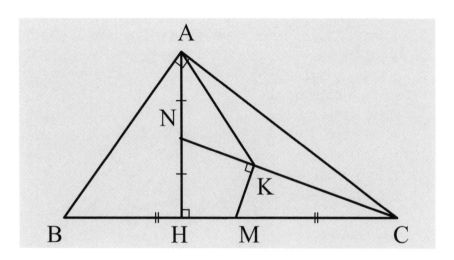

━ 方針 ━

手がかりがつかみにくい問題です. △CAHとAN = NH、中線CN、辺CBからなる図形に着目します. 補助線を追加することにより、平行線と線分の比についての性質が使える図を復元します. それにより中点連結の定理が使えるのではないかと予想できます. 補助円をかくことができる条件を探し、∠ACBを∠AKNまで移動することを目指します.

━ 使用する主な性質 ━

平行線と線分の比の性質. 二等辺三角形の性質. 三角形の内角の和の性質. 直角三角形の中線の性質. 四角形が円に内接するための条件. 円周角の定理およびその逆. 平行線になるための条件.

● 解説

BにおけるBCに垂直な直線とCNの延長との交点をTとし、CAの延長
との交点をSとします.

①AH∥SB、AN = NHより、ST = TB.

②AとTを結ぶと、∠BAS = 90°、TA = TSより、∠TAS = ∠TSA. また
TA = TBより、∠ABT = ∠TAB.

③AとMを結べば、AM = MCだから、∠MAC = ∠MCA.

④∠BSC + ∠BCS = 90°、∠TAS + ∠MAC = ∠BSC + ∠BCS = 90°より、
∠TAM = 90°.

⑤∠TBM + ∠TAM = 180°より、四角形ATBMは円に内接します.　　(1)

⑥TとMを結べば、
∠TAM = ∠TKM =
90°より、4点A、T、M、
Kは同一円周上にあ
るといえます.　　(2)

⑦(1)、(2)より、5点A、
T、B、M、Kは同一円
周上にあるといえま
す.

⑧これとTM∥SCより、
∠AKN = ∠AKT =
∠ABT = ∠TAB =
∠TMB = ∠ACB.

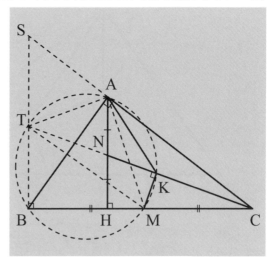

● 補助線・補助円

与えられた図形の位置に∠Cと∠AKTがあると扱いにくいので、∠Cの移
動を考えます. そのために補助線を追加して平行線と線分の比の性質や中点連
結の定理を表す図を復元しています. それによって∠Cは∠TMBに移動でき、
扱いやすくなります. 補助線が追加された図形の中に、円に内接する条件を満
たす四角形ができたり、同一円周上にあるための条件を満たす4点ができるこ
とから、自然に補助円をかくことができます.

次の問題45を補助線や補助円を利用し証明してみてください.

問題
45

平行四辺形ABCD内の点をPとするとき、∠BAP = ∠BCP ならば、∠PBA = ∠PDAである.

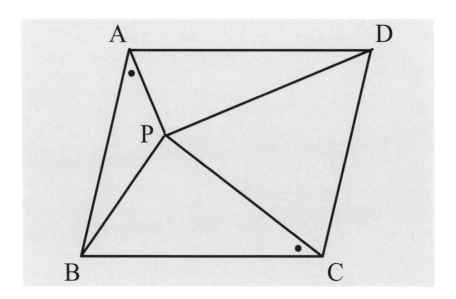

● **方針**

∠A = ∠C、∠BAP = ∠BCPより、∠PAD = ∠PCDであることがわかります. Pを通りBCに垂直な直線をひき、AD、BCとの交点をそれぞれX、Yとします. XYを軸として△PABを対称移動します. Aの移動先をRとすれば、∠PARは∠PRAに移動し、∠PCDとのつながりをつくります.

● **使用する主な性質**

平行線の同位角の性質. 平行四辺形の性質. 四角形が円に内接するための条件. 二等辺三角形の性質. 円周角の定理. 三角形の合同条件およびその性質.

解説

Pを通りBCに垂直な直線を軸にして、△PABを対称移動して△PRSをつくります.

①∠A＝∠C、∠BAP＝∠BCPより、∠PAR＝∠PCD.　　　　　　　　　(1)

②△PARは二等辺三角形だから、∠PAR＝∠PRA.　　　　　　　　　　(2)

③(1)、(2)より、∠PRA＝∠PCDだから、四角形RPCDは円に内接します.

④この補助円とBCとの交点をS′とし、S′とRを結べば、∠PRS′＝∠PCS′
＝∠PCB＝∠BAP＝∠PRSより、∠PRS′＝∠PRSだから、SとS′は
一致するといえます. したがってこの補助円はSを通るといえます.

⑤∠PBA＝∠PSR＝∠PDR＝∠PDAより、∠PBA＝∠PDAといえます.

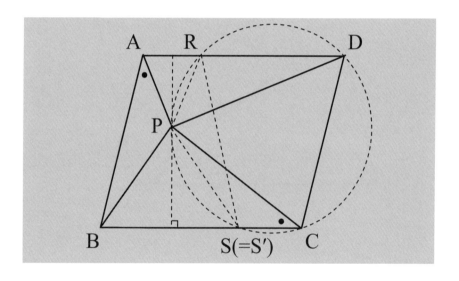

補助線・補助円

Pを通りBCに垂直な直線を軸にして、△APBを対称移動することにより∠PBAは∠PSRに移動でき、∠PBAと∠PDAとの間につながりをつくることができます. 対称移動により、∠PARは∠PRAに移動でき、それが∠PCDとつながり、補助円をかくことができるようになります. この補助円がSを通ることを示すために補助線を使ってひと工夫する必要があります.

次の問題46を補助線や補助円を利用し証明してみてください.

問題
46

△ABCの内部の点をO、外部の点をPとし、PB = PC、OB = OC、∠BPC = 2θ、∠BOC = 2θ + 2∠Aとする.
このとき、∠BAO = ∠CAPである.

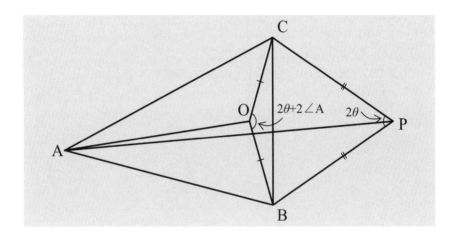

● ─ **方針**

∠BOC = 2θ + 2∠A = 2(θ + ∠A)の形から、この角の半分が(θ + ∠A)であることから、円周角と中心角の関係を利用するのではないかと予想できます. そこでθ + ∠Aをつくることができるかを考えます. この角をつくることができるとすれば、△BPCとの関係についてさらに考えます. △APCと相似な三角形で、∠CAPに対応する角をもつ三角形を図の中につくることができればよいといえます.

● ─ **使用する主な性質**

円周角と中心角の性質. 三角形の外角とその内対角の和の性質. 三角形の相似条件およびその性質. 円に内接する四角形の性質.

解説

　点Oを中心に半径OBの円をかき、AB、ACとの交点をE、Dとします.
EとCを結ぶと、∠BOCに対応する円周角である∠BECと弧DEに
対する円周角である∠DCEができます.

①∠BEC = ∠A + ∠ACE = θ + ∠Aより、∠ACE = θ.

②∠DCE = ∠ACE = θより、OとD、Eをそれぞれ結べば、∠DOE = 2θ.

③DとEを結びます. ∠DOE = ∠BPC、OD : OE = PB : PC = 1 : 1より、

　△ODE∽△PBCだから、DE : BC = OE : PC.　　　　　　　　　　(1)

④∠AED = ∠ACB、∠Aは共通だから、△ADE∽△ABCといえるので、

　DE : BC = AE : AC.　　　　　　　　　　　　　　　　　　　　(2)

⑤(1)、(2)より、OE : PC = AE : AC.　　　　　　　　　　　　　(3)

⑥∠AEO = ∠AED + ∠OED = ∠ACB + ∠PCB = ∠ACPより、

　∠AEO = ∠ACP.　　　　　　　　　　　　　　　　　　　　　(4)

⑦(3)、(4)より、△AEO∽△ACPだから、∠BAO = ∠EAO = ∠CAP.

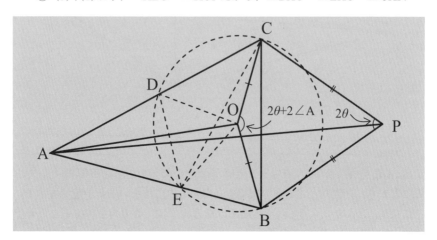

補助線・補助円

　ここでは中心角に対応する円周角をつくるために補助円をかきます. Oと円
周上の点とを結ぶ線分はよく利用される補助線です. それにより円周角と中心
角の性質が利用できます. 補助線EDは円に内接する四角形や二等辺三角形の
辺であり、また相似な三角形の辺としても使われ、DE : BCが重要な役割を担
います.

次の問題47を補助線や補助円を利用し証明してみてください.

問題47

△ABCにおいて、AB = ACとする．AC上の点をDとし、
AD = BC、∠A = 2∠ABDとする．
このとき、∠ABD = 10°である．

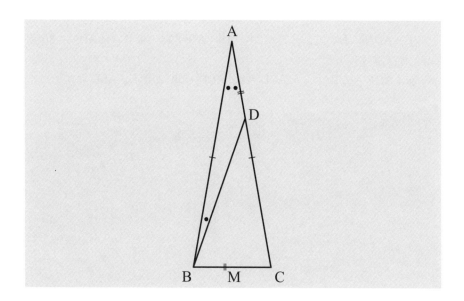

● **方針**

　∠ABD = 10°とするならば、∠A = 20°であり、∠ADBの外角は30°である
はずです．そこでAからBDの延長に対して垂線をひき、交点をNとすれば、
∠DAN = 60°だから、AN : AD = 1 : 2であるはずです．

● **使用する主な性質**

　三角形の合同条件およびその性質．円周角の定理．直角三角形の合同条件お
よびその性質．三角形の外角とその内対角の和の性質．

　△ABCの頂角の二等分線をひき、BCとの交点をMとします.

①△ABM ≡ △ACM より、∠AMB = ∠AMC = 90°.

②△ABMの外接円をかき、BDの延長との交点をNとし、NとAを結べば、
∠ANB = ∠AMB = 90°.

③△MABと△NBAにおいて、∠MAB = ∠NBA、∠AMB = ∠BNA =
90°、AB = BAだから、△MAB ≡ △NBAといえるので、

$$BM = AN、AN = \frac{1}{2}BC = \frac{1}{2}AD.$$

④△ADNにおいて、∠N = 90°、AN : AD = 1 : 2より、∠ADN = 30°と
いえます.

⑤∠ADN = ∠BAD + ∠ABD = 3∠ABD = 30°より、∠ABD = 10°.

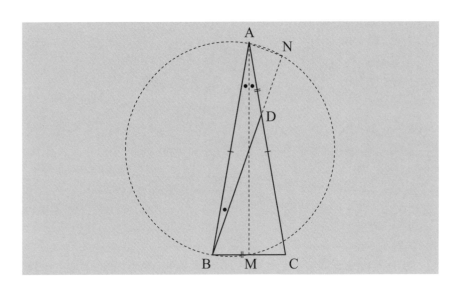

　AMは二等辺三角形に応じたきまった補助線です. それによってABを直径
とする補助円が追加でき、BDの延長とその円との交点により、△MABと合
同な△NBAをつくることができます. これがBCとANとのつながりをつくり、
△ADNの形状を決定する役割を担います.

次の問題48を補助線や補助円を利用し証明してみてください.

問題
48

△ABCにおいて、BCの中点をMとし、∠Bの二等分線と AM、ACとの交点をそれぞれD、Eとする. このとき、 $BC^2 = 2AB^2$ ならば、CE = 2DM である.

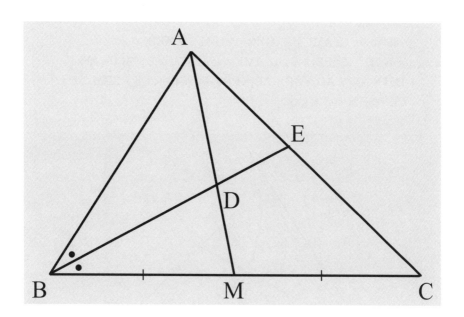

●— **方針** ——————————————————————————————

$BC^2 = 2AB^2$ は、$BM \cdot BC = AB^2$ と変形できることから、方べきの定理の逆 や接弦定理を使う問題のように予想されます.

●— **使用する主な性質** ——————————————————————

方べきの定理の逆. 接弦定理. 三角形の外角とその内対角の和の性質. 平行 線の同位角の性質. 二等辺三角形になるための条件. 中点連結の定理.

● 解説

$BC^2 = 2AB^2$ は、$\dfrac{1}{2}BC^2 = AB^2$、$BM \cdot BC = AB^2$ と変形でき、これより

ABは△AMCの外接円の接線といえます.

① △AMCの外接円をかくと、∠BAM = ∠ACM.

② BM = MCより、CEの中点をFとし、FとMを結べば、MF∥BE. (1)

③ ∠ABE = ∠CBE = α、∠BAM = ∠ACM = β とします.

∠ADE = $\alpha + \beta$、∠AEB = $\alpha + \beta$ より、△ADEは二等辺三角形だから、

AD = AE.

④ (1)より、∠AMF = ∠ADE、∠AFM = ∠AED.

⑤ ∠ADE = ∠AEDより、∠AMF = ∠AFMだから、AM = AF.

⑥ DM = AM − AD = AF − AE = EFより、CE = 2EF = 2DMだから、

CE = 2DMといえます.

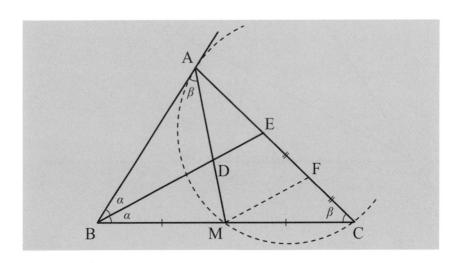

● 補助線・補助円

$BC^2 = 2AB^2$ は、$AB^2 = BM \cdot MC$ と変形できるので、△AMCの外接円を補助円としてかくことができます. ABはその円の接線とみることができ、接弦定理を利用できるようになります. 中点連結の定理を表す図の一部が含まれているので、それを復元するためにCEの中点Fをとり、FとMを結んでいます.

次の問題49を補助線や補助円を利用し証明してみてください.

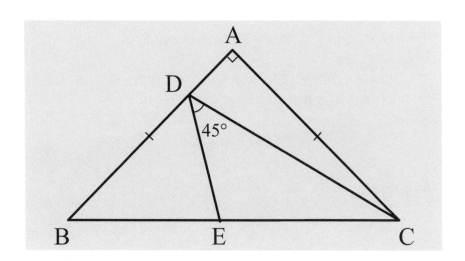

問題
49

△ABCにおいて、∠A = 90°、AB = ACとする. AB、BC
上の点をそれぞれD、Eとし、DE = 2AD、∠CDE = 45°と
するならば、∠DCB = 30°である.

● **方針**

∠DCB = *x*とし、*x*の値を求めることにします. ∠DEB = 45° + *x*、∠B =
45°だから、△BDEの内角の和に着目して、∠BDEを*x*を使用して表すこと
ができれば、*x*の値を求めることでき、∠DCBの値も求めることができます.
∠DEB = ∠ADCであることがわかるので、これをいとぐちとして考えます.

● **使用する主な性質**

三角形の外角とその内対角の和の性質. 三角形の合同条件およびその性質.
四角形が円に内接するための条件. 円周角の定理. 二等辺三角形の性質. 三角
形の内角の和の性質.

解説

2ADと等しい長さの線分をつくります．DAを2倍に延長した点をFとすれば、2ADをDFで表すことができ、DE = DFです．

① FとCを結べば、△CAD ≡ △CAFだから、∠CDA = ∠CFA．

② ∠CDA = ∠DBC + ∠DCB = 45° + ∠DCB、∠DEB = ∠CDE + ∠DCB = 45° + ∠DCBより、∠CDA = ∠DEB．

③ ∠CFD = ∠CFA = ∠DEBより、四角形DECFの外接円をかくことができます．EとFを結べば、∠DFE = ∠DCE．

④ △DEFは二等辺三角形だから、

∠DEF = ∠DFE、∠BDE = 2∠DFE = 2∠DCE．

⑤ △DBEにおいて、

∠BDE + ∠DEB + ∠B = 2∠DCE + 45° + ∠DCE + 45° = 180°だから、3∠DCE + 90° = 180°．したがって∠DCB = ∠DCE = 30°．

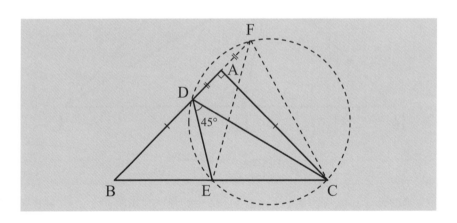

補助線・補助円

DE = 2ADより、2ADの長さをもつ線分をつくります．ACに関してDと対称な点Fをとれば、2ADはDFとみることができます．FとCを結ぶと∠CDAと等しい角をつくることができるので、FCは自然にひかれる補助線です．これにより合同な三角形が追加でき、四角形DECFが円に内接するための条件となる∠DEB = ∠CFDが得られます．EFは弧DEに対する円周角である∠DFEと∠DCEとを結びつける役割を担う補助線です．

次の問題50を補助線や補助円を利用し証明してみてください.

> **問題50**
>
> 正三角形ABCにおいて、AB上の点をE、AC上の点をDとし、AE = CDとする. BDとCEの交点をPとし、BCの中点をMとする. このとき、∠APE = ∠BPMである.

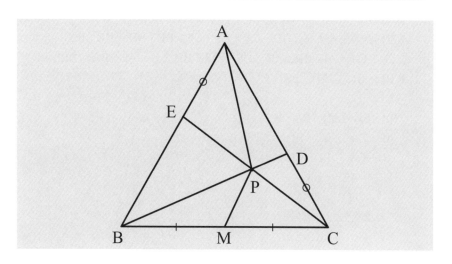

● **方針** ──────────────

　まずこの図形がもつ性質を調べます. △ACE ≡ △CBDより、∠ACE = ∠CBDだから、∠BPE = 60°です. ∠A = 60°より、∠BPE = ∠Aであることがわかります. また四角形の対角線が互いに他を2等分する図の一部が含まれているので、それを復元すると∠Aと大きさが等しい角をつくることができるので、それらが対応する角となる相似な三角形をつくります.

● **使用する主な性質** ──────────────

　三角形の合同条件およびその性質. 四角形が円に内接するための条件. 円周角の定理. 正三角形の性質. 平行四辺形になるための条件およびその性質. 平行線の錯角の性質. 三角形の外角と内対角の和の性質. 方べきの定理. 相似な三角形の性質及びその逆.

● 解説 ─────────────────────────────────

①△ACE ≡ △CBD より、∠ACE = ∠CBD だから、∠EPB = ∠PCB + ∠PBC = ∠PCB + ∠ACP = ∠ACB = 60°、CE = BD.

②∠EAD = ∠EPB = 60° より、四角形 AEPD は円に内接することから、D と E を結べば、∠APE = ∠ADE.

③PM の延長上に PM = MK となる点 K をとり、B、C とそれぞれ結べば、四角形 PBKC は平行四辺形だから、PC ∥ BK、PC = BK.

④∠PBK = ∠EPB = 60° より、∠A = ∠PBK = 60°　　　　　　　　(1)

⑤方べきの定理より、CD・CA = CP・CE、BP・BD = BE・BA.

⑥CD・CA = AE・BA、CP・CE = BK・BD より、AE・BA = BK・BD.

⑦ BE・BA = AD・BA より、

BP・BD = AD・BA.

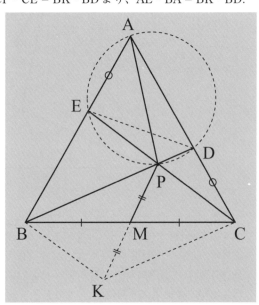

⑧$\dfrac{AE・BA}{AD・BA} = \dfrac{KB・BD}{BP・BD}$

より、$\dfrac{AE}{AD} = \dfrac{BK}{BP}$.

⑨これと (1) より、△AED ∽ △BKP だから、∠APE = ∠ADE = ∠BPK = ∠BPM. したがって∠APE = ∠BPM といえます.

● 補助線・補助円 ─────────────────────────

図形のもつ性質から四角形が内接する補助円がかけます. AE、AD に∠APE を近づけるために E と D を結ぶ補助線をひき円周角をつくります. ED は △AED の辺にもなります. △PBC と BC の中点 M より、その図形に応じてきまった補助線として、MK、KB、KC がひかれます. このようにしてできた図形のもつ性質として、∠ADE と∠BPM が対応する相似な三角形が出現します.

次の問題51を補助線や補助円を利用し証明してみてください.

> **問題 51**
>
> △ABCにおいて、∠A = 60°、外心をOとする．BOの延長
> とACとの交点、およびCOの延長とABとの交点をそれぞ
> れD、Eとする．BC上の点をPとする．このとき、
> BP：PC = OD：OEならば、△DEPは正三角形である．

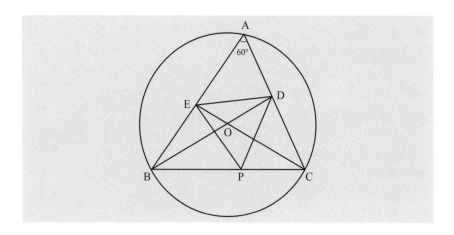

● **方針**

OD：OEが折れた線分の比なので、扱いやすいように直線上の線分の比に
直します．OB上に点XをOE = OXにとると、BP：PC = OD：OXとなります.
さらにOD：OXはBX：XOに移動することができます．これによりOD：OE
の比をBP：PCの比に近づけることができます．ED = EP、∠DEP = 60°を示
します．

● **使用する主な性質**

円周角と中心角の性質．四角形が円に内接する条件．円周角の定理．二等辺
三角形の性質およびその逆．三角形の内角の和の性質．正三角形になるための
条件．三角形の合同条件およびその性質．平行線になるための線分の比の条
件．平行線の錯角の性質．対頂角の性質.

● 解説

① ∠A + ∠DOE = 180°だから、四角形AEODは円に内接します.

② AとOを結べば、AO = BOより、∠ABO = ∠BAO.

③ ∠EAO = ∠EDOより、△EBDは二等辺三角形だから、EB = ED.

④ OB上にOX = OEとなる点Xをとれば、∠EOX = 60°より、△OEXは正三角形だから、EO = EX = OX.

⑤ △EBX ≡ △EDOより、DO = BXだから、DO : OE = BX : XO.

⑥ BP : PC = BX : XOより、XP∥OCだから、∠OXP = ∠EOX = 60°.

⑦ △XBPにおいて、∠XBP = ∠OBC = ∠OCB = ∠XPBより、XP = XB = OD.

⑧ △EXPと△EODにおいて、EX = EO、∠EXP = ∠EOD = 120°、XP = ODより、△EXP ≡ △EODだから、ED = EP、∠PEX = ∠DEO.

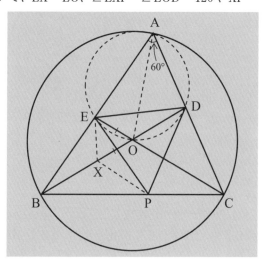

⑨ ∠DEP = ∠DEO + ∠OEP = ∠PEX + ∠OEP = ∠OEX = 60°.

⑩ ED = EP、∠DEP = 60°より、△DEPは正三角形といえます.

● 補助線・補助円

OD : OEの比を直線上の線分の比に移動するために、BO上に点XをOX = OEにとることはよくある考え方です. さらにODがBXと等しいことがわかればBP : PCの比と結びつき、平行線と線分の比の性質が使えるようになります. それを確かめるために、補助線EXや補助線AOが必要になります. OD = BXがわかれば、XPは自然にひかれる補助線であり、XPとOCは平行となり、XP = XB = OD、∠EXP = 120°を導きます. 図形のもつ性質から補助円は自然にかかれます.

次の問題52を補助線や補助円を利用し証明してみてください.

鋭角三角形ABCにおいて、BC上の点をDとし、DからAB、ACに対して垂線をひき、その交点をそれぞれE、Fとする．EからACへの垂線をひき交点をGとし、FからABへの垂線をひき交点をHとする．このとき、HG∥BCならば、AD⊥BCである．

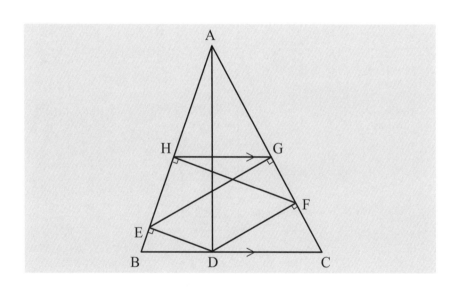

●**方針**

　∠ADC ＝ ∠ADF ＋ ∠FDCであり、また∠FDC ＋ ∠FCD ＝ 90°なので∠ADC ＝ 90°とすれば、∠ADF ＝ ∠FCDといえるはずです．そこで∠ADFを∠FCDまで移動する手順を考えます．

●**使用する主な性質**

　四角形が円に内接するための条件およびその性質．円周角の定理およびその逆．平行線の同位角の性質．三角形の内角の和の性質．

①∠AED + ∠AFD = 180°より、四角形AEDFは円に内接するので、
E と F を結ぶ補助線をひき円周角をつくると、∠AEF = ∠ADF.

②∠EHF = ∠EGF = 90°より、4点H、E、F、Gは同一円周上にあるので、
∠AEF = ∠HEF = ∠AGH.

③HG∥BCより、∠AGH = ∠ACD = ∠FCD.

④∠ADC = ∠ADF + ∠FDC = ∠AEF + ∠FDC = ∠AGH + ∠FDC =
∠FCD + ∠FDC = 90°だから、AD⊥BCといえます.

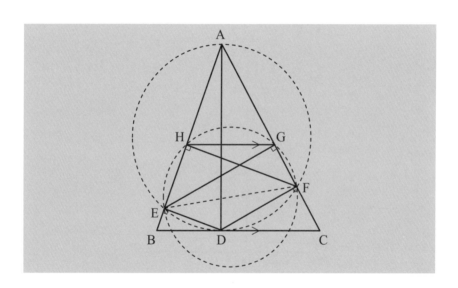

●— 補助線・補助円 —

　仮定より直角が複数与えられているので、同一円周上にある4点を2組適切
に選び、補助円をかくことができます. 補助線EFをひくことにより、円に内
接する四角形HEFGができます. ∠ADFを∠AEFに移動するために4点A、E、
D、Fを通る補助円が必要になります. E と F を結ぶ補助線によってつくられ
る円周角である∠HEF(＝∠AEF)は、∠ADFを∠AGHに移動する仲介役を担っ
ています.

次の問題53を補助線や補助円を利用し証明してみてください.

△ABCの内部の点をPとする. PからAB、ACにそれぞれ垂線をひき、AB、ACとの交点をD、Eとする. 4点D、B、C、Eが同一円周上にあるとすれば、AP⊥BCである.

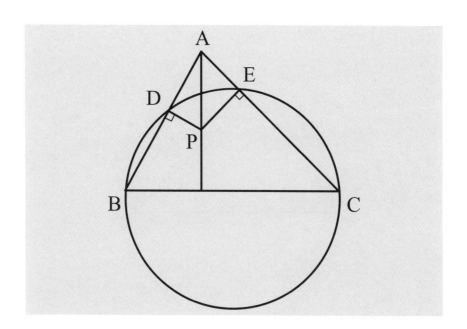

● **方針**

4点D、B、C、Eが同一円周上にあるので、DとEを結ぶ補助線をひけば、四角形DBCEは円に内接するとみることができます. AP⊥BCであるためには何を示せばよいのかを考えます.

● **使用する主な性質**

四角形が円に内接するための条件およびその性質. 円周角の定理.

●─ 解説

①DとEを結びます．四角形DBCEは円に内接するから、
$\angle$AED = $\angle$ABC.

②$\angle$ADP + $\angle$AEP = 180°より、四角形ADPEの外接円をかくことができ
るので、$\angle$AED = $\angle$APD.

③$\angle$APD = $\angle$ABCより、APとBCとの交点をFとすれば、四角形DBFP
の外接円をかくことができ、$\angle$PFB = $\angle$PDA = 90°だから、AP$\perp$BC
といえます．

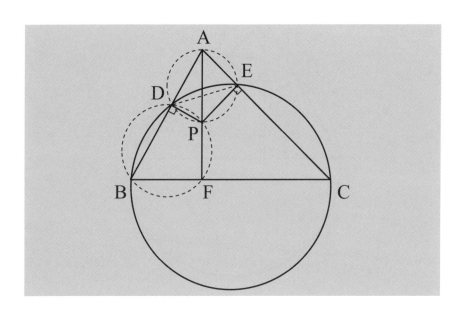

●─ 補助線・補助円

DとEを結ぶ補助線は2円の共通弦であり、交わる2円に応じたきまった補
助線です．DEは円に内接する四角形をつくるための辺であり、また円周角を
つくるための辺にもなっています．DEをひくことにより、四角形DBFPが円
に内接するための条件が満たされます．仮定より補助円がかけるための条件が
与えられていることから、必要な補助円を追加しやすいと思います．

次の問題54を補助線や補助円を利用し証明してみてください．補助線を利用する必要がないかもしれません．

> **問題 54**
>
> 四角形ABCDにおいて、AC⊥BDとする．ACとBDとの交点をOとし、OよりAB、BC、CD、DAに対してそれぞれ垂線をひき、交点をP、Q、R、Sとする．このとき、四角形PQRSは円に内接する．

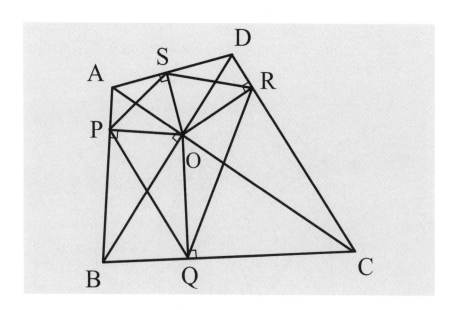

● **方針**

Oから四角形ABCDの各辺にひいた垂線によってできる4つの四角形APOS、BQOP、CROQ、DSORに着目します．円周角の定理を利用することが予想されます．

● **使用する主な性質**

四角形が円に内接するための条件．円周角の定理．三角形の内角の和の性質．

解説

　図の中にある4つの四角形に着目します.

①∠APO + ∠ASO = 180°より、四角形APOSは円に内接することから、∠PSO = ∠PAO.

②同様に、四角形BQOPは円に内接することから、∠PQO = ∠PBO.

③四角形CROQは円に内接することから、∠RQO = ∠RCO.

④四角形DSORは円に内接することから、∠RSO = ∠RDO.

⑤∠PQR + ∠PSR = ∠PQO + ∠RQO + ∠PSO + ∠RSO
$$= ∠PBO + ∠RCO + ∠PAO + ∠RDO$$
$$= (∠PBO + ∠PAO) + (∠RCO + ∠RDO)$$
$$= 90° + 90° = 180°$$

より、∠PQR + ∠PSR = 180°だから、四角形PQRSは円に内接するといえます.

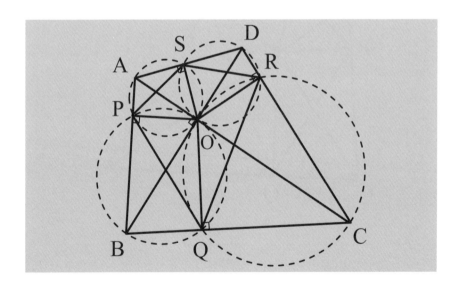

補助円

　この問題には補助"線"は使われていません. 図の中の4つの四角形において、円に内接するための条件がそれぞれ与えられていることから、四角形が内接する4つの円をかくことが必要であると予想できます.

次の問題55を補助線や補助円を利用し証明してみてください.

問題
55

△ABCにおいて、∠A = 90°とする. 頂点Aを通りBCに平行な直線と、∠ABCを3等分するABに近い半直線との交点をDとする. このとき、BD = BCならば、AB = ACである.

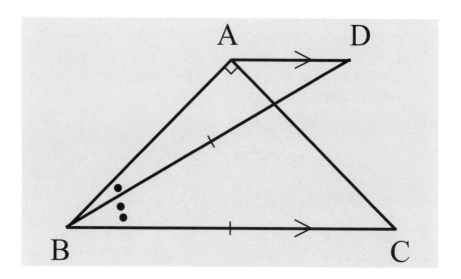

● **方針**

　AB = ACであることを示すには、∠ABC = ∠ACBを示せばよいといえます. DとCを結べば、△BCDは二等辺三角形だから二等辺三角形に応じたきまった補助線を利用することが予想できます. これをいとぐちとして、必要な補助線と補助円を考えます.

● **使用する主な性質**

　三角形の合同条件およびその性質. 平行四辺形になるための条件. 平行線の錯角および同位角の性質. 円周角の定理およびその逆. 二等辺三角形になるための条件. 対頂角の性質.

解説

①CとDを結ぶと二等辺三角形BCDができます．頂角の二等分線をひき、DCとの交点をMとすれば、DM = MC、DC⊥BM.

②AとMを結ぶ補助線を延長し、BCの延長との交点をFとすれば、△AMD ≡ △FMC より、AM = FM.

③四角形ACFDは平行四辺形だから、∠DFC = ∠ACB.

④∠BAC = ∠BMC = 90°より、4点A、B、C、Mは同一円周上にあるので、∠ABD = αとすれば、∠MAC = ∠MBC = α.

⑤AC∥DFより、∠MAC = ∠FAC = ∠AFD = α.

⑥AD∥BCより、∠ADB = ∠DBC = 2α.

⑦4点A、B、F、Dは同一円周上にあるので、∠AFB = ∠ADB = 2α.

⑧∠ABC = 3α、∠ACB = ∠DFB = ∠AFB + ∠AFD = $2\alpha + \alpha = 3\alpha$より、∠ABC = ∠ACBだから、AB = ACといえます.

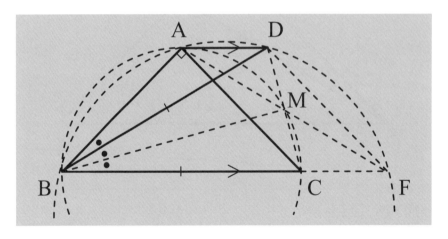

補助線・補助円

二等辺三角形に応じてよく利用される補助線として、頂角の二等分線があります．ここでもその補助線が使われています．それによって、A、B、C、Mを通る補助円がかけるための条件が満たされます．また∠ACBを∠DFCまで平行移動すれば、∠ABCと等しいことが示せるので、そのために補助線をひき平行四辺形をつくっています．補助線が追加された図形のもつ性質により、2つ目の補助円がかける条件が満たされます．

次の問題56を補助線や補助円を利用し証明してみてください.

問題
56

ひし形ABCDにおいて、BC、CD上にそれぞれ点E、Fを
とり、∠CEF = 2∠CAFとする.
このとき、∠CFE = 2∠CAEである.

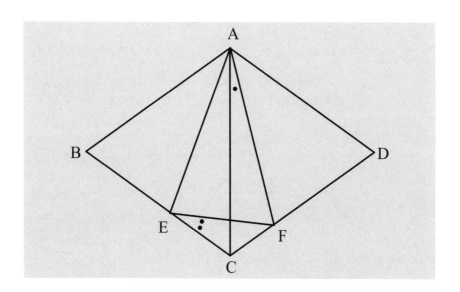

● **方針**

ひし形は線対称な図形です. ひし形ABCDは補助線BDに関して線対称だか
ら、BDとAFとの交点をQとすれば、QA = QCです. ∠CQF = 2∠CAQであ
ることがわかります. これをいとぐちとして、図形のもつ性質を探します.

● **使用する主な性質**

二等辺三角形の性質. 三角形の外角とその内対角の和の性質. 円周角の定理
およびその逆. 四角形が円に内接するための条件およびその性質. 平行線の同
側内角の性質.

● 解説

∠CAF = α とすれば、∠CEF = 2α と表せます．ひし形ABCDは対角線BDに関して線対称な図形です．

① 補助線BDとAFとの交点をQとし、QとCを結べば、△QACは二等辺三角形だから、∠CQF = 2α.

② 4点Q、E、C、Fは同一円周上にあり、EとQを結ぶと、四角形QECFは円に内接するといえるので、∠ECF = ∠AQE.

③ 四角形ABEQにおいて、∠B + ∠AQE = ∠B + ∠ECF = ∠B + ∠BCD = 180° だから、四角形ABEQは円に内接します．

④ ∠EAQ = ∠EBQ = $\frac{1}{2}$∠B. ∠EQF = ∠B より、∠EQF = 2∠EAQ.

⑤ ∠EAQ = ∠CAE + ∠CAF = ∠CAE + α、∠EQF = ∠EQC + ∠CQF = ∠CFE + 2α より、∠CFE + 2α = 2(∠CAE + α) だから、
∠CFE = 2∠CAE.

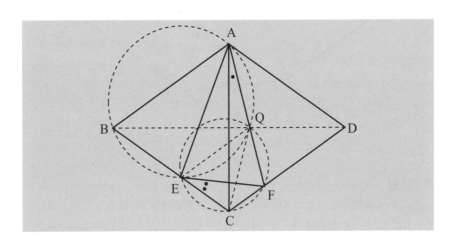

● 補助線・補助円

ひし形に応じたきまった補助線としてその対角線があります．BDは∠Bを2等分したり、CとQを結ぶ補助線を自然に思いつかせます．補助線が追加された図形のもつ性質として補助円が出現し、角どうしの関係がわかるようになります．

次の問題57を補助線や補助円を利用し証明してみてください.

問題 57

△ABCにおいて、AB上の点をD、AC上の点をE、BC上の点をFとする. ∠ADE = ∠BDF = ∠Cならば、AF : BE = AC : BCである.

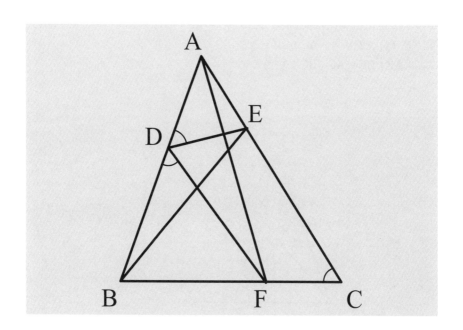

● **方針**

∠ADE = ∠ACB、∠Aは共通だから、△ADE ∽ △ACBなので、AC : BC = AD : DEといえます. AD : DEの比をAF : BEの比に移動します.

● **使用する主な性質**

四角形が円に内接するための条件. 円周角の定理. 相似な三角形の性質およびその逆.

● 解説

①△ADEと△ACBにおいて、∠ADE = ∠ACB、∠Aは共通だから、
△ADE∽△ACBといえるので、AC：CB = AD：DE.　　　　　　　　　(1)

②∠ADE = ∠ECBより、四角形DBCEは円に内接するので、DとCを結
べば、∠DCB = ∠DEB.

③∠BDF = ∠ACFより、四角形ADFCは円に内接するので、
∠DCF = ∠DAF.

④∠DAF = ∠DCF = ∠DCB = ∠DEB、∠ADF = ∠EDBより、
△ADF∽△EDBだから、AD：ED = AF：EB.　　　　　　　　　　(2)

⑤ (1)、(2)より、AC：CB = AF：EBだから、
AF：BE = AC：BCといえます.

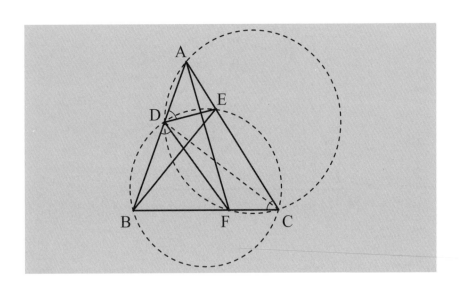

● 補助線・補助円

CとDを結ぶ補助線は、2つの円に共通する弦で、2つの円周角をつなぐ役
割を担っています. 初めから補助円がかけるための条件が与えられているの
で、2つの補助円をかくことが必要であると予想できます.

次の問題58を補助線や補助円を利用し証明してみてください.

問題 58

線分ABを直径とする円の中心をOとする．ABの垂直二等分線と円Oとの交点をC、Dとする．円周上に点Pを、BP上に点Rをそれぞれとり、AP＝PRとする．POの延長とRDとの交点をSとする．このとき、∠ASR＝90°ある.

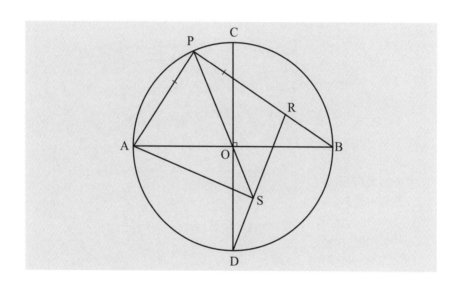

●― **方針** ―――――――――――――――――――――――

　ABは円Oの直径だから、∠APB＝90°であることがわかります．∠ASR＝90°とすれば、∠APR＝90°だから、四角形PASRは円に内接しているはずです．この図形のもつ性質を探し、四角形PASRが円に内接することを示します．

●― **使用する主な性質** ――――――――――――――――

　四角形が円に内接するための条件およびその性質．円周角の定理およびその逆．二等辺三角形の性質．三角形の内角の和の性質．

●─ 解説 ──────────────────────────────

CO と PR との交点を Q とします.

①AB は円 O の直径だから、∠APB = 90°.

∠APQ + ∠AOQ = 180° だから、四角形 PAOQ は円に内接するといえます.

②A と Q を結べば、∠APO = ∠AQO.　　　　　　　　　　　(1)

③A と R を結べば、PA = PR、∠APR = ∠APB = 90° より、∠ARP = 45°.

④A と D を結べば、OA = OD、∠AOD = 90° より、∠ADO = 45°.

⑤∠ARQ = ∠ARP = ∠ADQ = 45° より、4 点 A、D、R、Q は同一円周上にあるといえ、∠AQD = ∠ARD.

⑥ (1) と∠AQD = ∠ARD = ∠ARS より、∠APS = ∠ARS だから、4 点 P、A、S、R は同一円周上にあるといえます.

⑦四角形 PASR は円に内接することから、∠ASR + ∠APR = 180°. ∠APR = 90° より、∠ASR = 90° といえます.

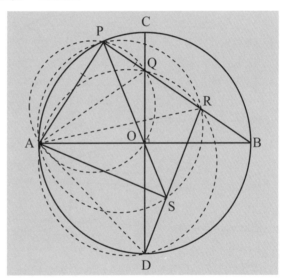

●─ 補助線・補助円 ──────────────────────────────

AB は円 O の直径だから、∠APQ = 90° であり、また∠AOQ = 90° だから、補助円を利用することは予想できます. AQ は∠APO を∠AQO に移動するためにひかれる補助線ですが、∠ARS を∠APS に移動するための仲介となる∠AQD をつくる補助線でもあります. AR と AD は補助円がかける条件をつくるために必要な補助線といえ、これをひくことは仮定から予想することができます.

次の問題59を補助線や補助円を利用し証明してみてください.

四角形ABCDにおいて、AB = AD = DCとし、ADとBCは平行ではないとする. 対角線の交点をOとする. このとき、OB = OCならば、∠BOC = 120°である.

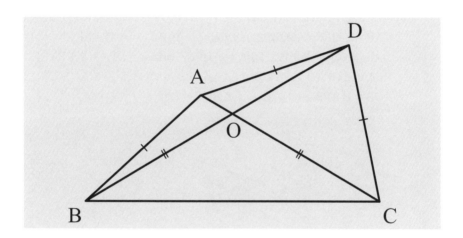

● 方針

　△OABと△ODCに着目します. 2辺と1角がそれぞれ等しい2つの三角形です. この場合は、∠OAB = ∠ODC、または、∠OAB + ∠ODC = 180°のどちらかになります. ∠OAB = ∠ODCとするならば、AD∥BCとなり仮定に反するので、∠OAB + ∠ODC = 180°となります. ∠OABと∠ODCが離れているので、∠OABを移動して∠ODCとつながりをつけられないかを考えます.

● 使用する主な性質

　2辺と1角が等しい三角形の合同条件. 四角形が円に内接するための条件およびその性質. 円周角の定理. 二等辺三角形の性質およびその逆. 三角形の合同条件およびその逆. 対頂角の性質.

● **解説**

①△OABと△ODCにおいて、AB = DC、OB = OC、∠AOB = ∠DOC
　より、∠OAB = ∠ODC、または、∠OAB + ∠ODC = 180°.

②∠OAB = ∠ODCとすれば、△OAB ≡ △ODCより、AD∥BCとなり、
　仮定に反するので、∠OAB + ∠ODC = 180°といえます.

③△ABOの外接円をかき、BCとの交点をPとし、PとOを結べば、
　∠OAB = ∠OPC.

④∠OPC + ∠ODC = ∠OAB + ∠ODC = 180°より、四角形OPCDは円
　に内接します. AとP、PとDをそれぞれ結び、円周角をつくります.
　∠CAP = ∠OAP = ∠OBP = ∠OCB = ∠ACPより、CP = AP.

⑤△DAP ≡ △DCPだから∠DPA = ∠DPC. 同様に∠DPA = ∠BPA.

⑥∠BPA = ∠DPA = ∠DPCだから、∠APB = 60°.

⑦∠AOB = ∠APB = 60°だから、∠BOC = 120°といえます.

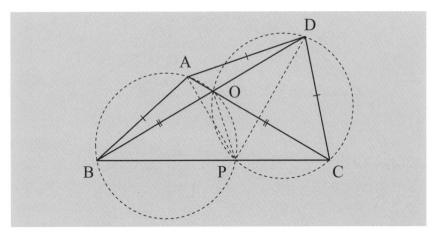

● **補助線・補助円**

　△ABOの外接円をかき、BCとの交点をPとすれば、その補助円は四角形
ABPOの外接円とみなせます. ∠OABを∠OPCに移動することができ、
∠OAB + ∠ODC = ∠OPC + ∠ODC = 180°の性質がぴったり当てはまる四角
形OPCDができあがります. 2辺と1角がそれぞれ等しい2つの三角形の性
質と、円に内接する四角形の性質とを結びつける役目を担うのが補助線であり、
補助円といえます.

次の問題60を補助線や補助円を利用し証明してみてください.

問題 60

△ABCのABの延長上にAC＝BDとなる点Dをとり、ACの延長上にAB＝CEとなる点Eをとる. BCの中点をNとし、Nを通りBCに垂直な直線とDEとの交点をOとするならば、∠A＝∠BOCである.

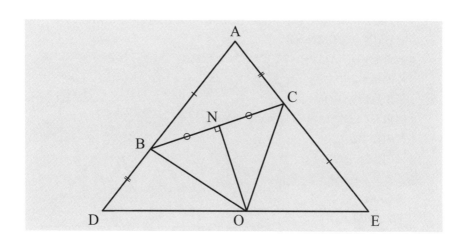

● **方針**

　∠Aを∠BOCまで移動できればよいといえますが、このままでは動きがとれません. そこで∠Aを円周角とみなせるようにすれば、円周角の定理を利用して移動することができます. そこで△ABCの外接円をかき、それをいとぐちとして考えます.

● **使用する主な性質**

　三角形の合同条件およびその性質. 四角形が円に内接するための条件およびその性質. 円周角の定理. 二等辺三角形の性質. 三角形の外角とその内対角の和の性質.

● 解説

　△ABCの外接円をかき、ONとの交点をMとします．MとA、B、C、D、Eをそれぞれ結びます．

①△MBN ≡ △MCN より、MB = MC、∠BMN = ∠CMN.

②四角形ABMCは円に内接するので、∠ABM = ∠ECM、
　∠ACM = ∠DBM.

③△MBA ≡ △MCE より、∠BAM = ∠CEM.

④△ACM ≡ △DBM より、∠CAM = ∠BDM.

⑤AD = AE より、∠D = ∠E = α とすれば、(∠Aの外角) = 2α、
　∠BMC = (∠Aの外角) = 2α、∠BMC = ∠BMN + ∠CMN だから、
　∠BMN = ∠CMN = α.

⑥四角形BDOMは円
　に内接するので、
　∠BDM = ∠BOM.

⑦四角形CEOMは円
　に内接するので、
　∠CEM = ∠COM.

⑧∠A = ∠BAM +
　∠CAM = ∠CEM
　+ ∠BDM =
　∠COM + ∠BOM
　= ∠BOC より、
　∠A = ∠BOC とい
　えます．

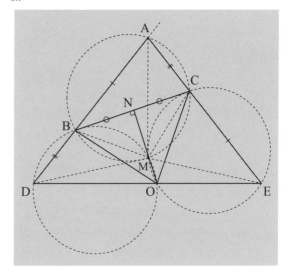

● 補助線・補助円

　補助円としてかく△ABCの外接円とONとの交点Mが重要な役割を担っています．Mと各点を結ぶ補助線は5本ひかれていますが、とくに、BMとCMにおいては、複数の合同な三角形の辺として、また円に内接する四角形の辺、そして外角をつくる辺として、複数の役割を担っています．補助線がひかれた図の中に、円に内接するための条件を満たす四角形ができ、補助円が出現します．これにより角の移動が可能になります．

　次の問題61を補助線や補助円を利用し証明してみてください.

（注）次の問題は接線のひき方により多様な図ができますが、ここでは下図について考えることにします.

問題 61

　2円PとQが2点で交わるとする. 円の中心Pを通り円Qへの接線と円Pとが交わる点をA、Bとする. また中心Qを通り円Pへの接線と円Qとが交わる点をC、Dとする. このとき、AC∥BDである.

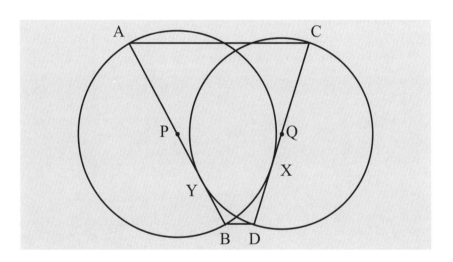

● **方針**

　交わる2円の問題では、補助線として中心線がよく使われます. また中心と接点を結ぶ補助線は直角をつくるために役立ちます. この問題でもこれらの補助線を利用することができます. AC∥BDを示すには、何がいえればよいかを考え、補助線や補助円を追加した図形のもつ性質を探します.

● **使用する主な性質**

　円の半径と接線の性質. 円に内接する四角形の性質. 円周角の定理およびその逆. 平行線になるための条件. 三角形の相似条件およびその性質.

解説

①円PとDCの接点をX、円QとABの接点をYとします。補助線PQ、PX、QY、XYをひくと、∠PXQ = ∠PYQ = 90°。四角形PYXQは円に内接するので、∠XQY = ∠XPY。

②△APXと△CQYにおいて、∠APX = ∠CQY、AP : PX = CQ : QY = 1 : 1より、△APX∽△CQYだから、∠YAX = ∠PAX = ∠QCY = ∠XCY。

③四角形AYXCは円に内接するので、(∠CAYの外角) = ∠CXY。

④△PBXと△QDYにおいて、∠BPX = ∠DQY、PB : PX = QD : QY = 1 : 1より、△PBX∽△QDYだから、∠PBX = ∠QDY。

⑤∠YBX = ∠PBX = ∠QDY = ∠XDYより、四角形YBDXは円に内接するので、∠ABD = ∠YBD = ∠CXY。

⑥これと、(∠CABの外角) = (∠CAYの外角) = ∠CXYより、(∠CABの外角) = ∠ABDだから、AC∥BDといえます。

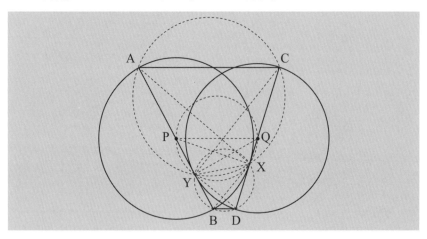

補助線・補助円

交わる2円に応じたきまった補助線である中心線PQが重要な役割を担っています。円の中心と接点を結ぶ補助線は四角形をつくり、さらにその四角形が円に内接するための条件をも満たすことに役立っています。AXやCY、YDやXBは図のもつ性質から自然にひかれる補助線であり、それらの線分は等しい角をつくる辺としての役割も担っています。それにより補助円がかける条件が満たされます。

次の問題62を補助線や補助円を利用し証明してみてください.

△ABCにおいて、∠A = 90°とする. △ABCの外側に各辺を底辺とする二等辺三角形をつくる. それらの三角形を△BCD、△CAE、△ABFとする. △BCD∽△CAE∽△ABFならば、AD = EFである.

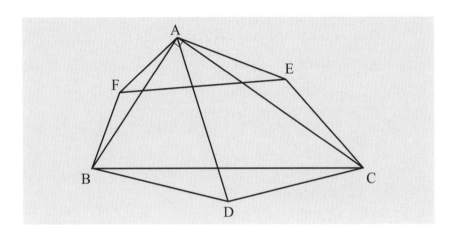

● 方針

BCを軸にして△BDCを対称移動した三角形を△BPCとします. 対称移動することにより、他の2つの二等辺三角形とのつながりをつくることができます（p.111. 1章問題56参照）. 四角形PBDCはひし形だから、対角線は垂直に交わり、互いに他を2等分します. △PBC∽△EACから得られる△ABC∽△EPC、そして△PBC∽△AFBから得られる△ABC∽△FBPを利用します.

● 使用する主な性質

平行線になるための条件. 平行四辺形になるための条件およびその性質. 三角形の相似条件およびその性質. 二等辺三角形の性質. 三角形の外角とその内対角の和の性質. 四角形が円に内接するための条件. 円周角の定理. 四角形の内角の和の性質. 直角三角形の中線の性質. 中点連結の定理. 三角形の合同条件.

● **解説**

①△DBCをBCを軸として対称移動し、△PBCをつくります.

　△PBC∽△EACより、△ABC∽△EPC.

②PDとBCとの交点をMとします.

　∠PEC＝∠BAC＝90°、∠CMP＝90°より、四角形EPMCは円に内接
するので、∠PEM＝∠PCM.

③FAの延長とCEの延長との交点をQとします.

　△AQCにおいて、∠FAC＝∠Q＋∠ACQ、∠FAC＝∠FAB＋∠BAC.

　∠ACQ＝∠FABだから、∠Q＝∠BAC＝90°.

④∠PEC＝90°、∠Q＝90°より、QF∥EP、AF∥EP.

⑤△ABF∽△BCDより、$\dfrac{AB}{BC}=\dfrac{AF}{BD}=\dfrac{AF}{PC}$.　　　　　　　　(1)

⑥△ABC∽△EPCより、$\dfrac{AB}{BC}=\dfrac{EP}{PC}$.　　　　　　　　(2)

⑦ (1)、(2)より、$\dfrac{AF}{PC}=\dfrac{EP}{PC}$だから、AF＝EP.

⑧四角形AFPEは平行四辺形だから、APとEFの交点をNとすれば、
FN＝EN、AN＝NP.

⑨∠ACE＝α、∠AEP＝βとすれば、∠AEQ＝2α、∠PEC＝90°より、
∠PEQ＝2α＋β＝90°.

⑩ACとEMの交点をYとします.

　∠PEM＝∠PCM＝α、∠EAY＝αより、∠AYM＝∠EAY＋∠AEY＝
∠EAY＋∠AEP＋∠PEY＝2α＋β＝90°.

⑪△ABCと△FBPにおいて、△ABC∽△FBP.

⑫∠BFP＝∠BAC＝90°、∠BMP＝90°より、四角形FBMPは円に内接
するので、∠PFM＝∠PBM＝α.

⑬ABとFMの交点をXとします.

　△AFXにおいて、∠AFP＝∠AEP＝βより、∠AXM＝2α＋β＝90°.

⑭四角形AXMYにおいて、∠A＝∠AXM＝∠AYM＝90°より、
∠FME＝90°.

⑮△FMEは直角三角形だから、MN＝FN＝NEより、EF＝2MN.

⑯△PADにおいて、PN＝NA、PM＝MDより、AD＝2MN.

⑰EF ＝ 2MN ＝ AD より、AD ＝ EF といえます.

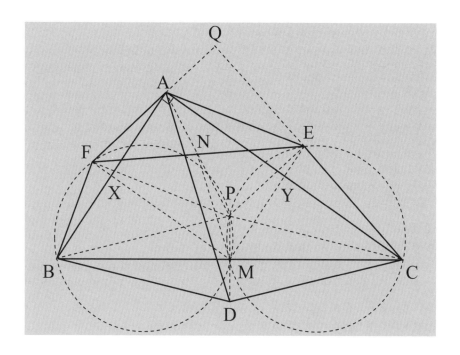

●── 補助線・補助円

　△BDCをBCに関して対称移動することが、この問題を解くポイントとも
いえます. これにより、△ABCと相似になる△EPCと△FBPがつくれ、相似
な三角形についての既知の性質が使えるようになります. 補助線であるPB、
PCはひし形の1辺であるとともに、△ABCと相似な三角形の1辺であり、円
周角の1辺にも利用されています. 平行四辺形の対角線とひし形の対角線は、
△PADにおいて中点連結の定理が使える図をつくる役割を担っています. FA
の延長とCEの延長はFAとPEが平行になることを示すために必要とされる補
助線です. 仮定や補助線によってできた図のもつ性質から補助円がかけるため
の条件が満たされることから、2つの補助円が誕生し、角を移動する役割を担
います. MとF、Eそれぞれと結ぶ補助線によってできる三角形は、EFを斜辺
にもつ直角三角形となり、結論に結びつく図が完成します.

おわりに

　この本に盛り込んだ問題の数は全部で150題プラス1ありました．易しい問題、難しい問題いろいろあったと思いますが、それぞれのもつ特徴に興味を持てた問題も数多くあったのではないでしょうか．そのような問題は、学校教育などに新鮮な図形教材として取り入れるとよいのではないかと思います．

　150題プラス1の問題解決にあたっては、多くの時間と知的労力が必要だったかと思います．読者の皆さんはその過程を通して補助線・補助円にだいぶ慣れ親しむことができたのではないかと思います．この経験を今後大いに活用し、さらに別解を考えたり、オリジナルの問題をつくるなど、発展的な研究に結びつけることを期待しております．

　補助線・補助円は、初等幾何の研究においてはなくてはならない道具であり、問題解決においてもその利用が必要な場合も多いようです．しかしながら、現在の学校教育においては補助線・補助円についてあまり多くは扱われていないように思います．補助線・補助円を必要とする問題は必ずしも難しい問題ばかりではなく、この本で取りあげた問題のようにその発見のいとぐちがつかみやすいものも多く存在しています．そのような問題を利用して、補助線・補助円の素地指導をこれからの学校教育などに少しでも取り入れられることを期待したいところです．補助線・補助円が多少でも活用できるようになれば、図形についての探求の芽が格段に拡がることが期待でき、図形の研究のおもしろさもなお一層感じることができるようになるのではないかと思うからです．

　この本を作成するにあたって、次の書籍を参考としました。

清宮俊雄著：『初等幾何のたのしみ』　　　　　日本評論社　2003
　　　　　　『エレガントな問題をつくる』　　日本評論社　2005
坂井　裕著：『創造性と論理性を育む図形教材の開発とその指導
　　　　　　　―教材のストーリー化―』　　教育出版　2013
　　　　　　『問題形式で味わう補助線の魅力―考えて楽しむ図形の証明―』
　　　　　　　　　　　　　　　　　　　　　現代図書　2019

　最後になりますが、ここでこの本が出版されるまでの経緯について、少し触れておきたいと思います．著者は清宮俊雄先生に学生時代から長くご指導をいただいておりました。その関係で先生がお亡くなりになったときに、先生がそ

れまでに研究されたことを記録した「ゼミノート」をお預かりしました．ど
のような内容が盛り込まれているのかページを追って勉強させていただくと、
途中難解な内容も多々ありましたが、興味をひく美しい問題（性質）が数多
くありました．これまでにあまり知られていないと思われる問題も多く、その
まま埋もれさせてしまうのがもったいないと考えました．そこでそれらの問題
を整理して一冊の本にするのがよいのではないかと思い、そのことを清宮先生
のご子息にお話をしたところ、当方の気持ちをこころよくお受けいただくこと
ができました。そうしてできたのがこの本であることをお伝えしておきたいと
思います．

坂 井 　裕

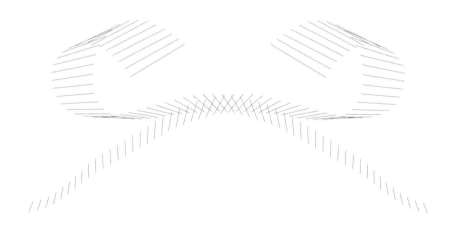

■著者略歴

坂井　裕（さかい　ゆたか）

1943 年生まれ
1968 年　東京学芸大学大学院修士課程修了
現在　東京学芸大学名誉教授

著書『創造性と理論性を育む図形教材の開発とその指導』　教育出版　2013.
　　　『問題形式で味わう補助線の魅力』　現代図書　2019.

補助線・補助円をみつけられますか
―考えて楽しむ図形の証明―

令和 5 年 5 月 31 日　初版発行

著　者　　　坂井　裕
発行・発売　　株式会社三省堂書店／創英社
　　　　　　〒101-0051　東京都千代田区神田神保町1-1
　　　　　　Tel：03-3291-2295　Fax：03-3292-7687
印刷／製本　三省堂印刷株式会社